中国式阅读法传承工程

任晓林 主编
林秀芹 李蕊 吟诵
杨勇 注解

# 孝经
# 易传

（第2版）

海燕出版社
·郑州·

图书在版编目（CIP）数据

孝经 易传 / 任晓林主编；林秀芹，李蕊吟诵；杨勇注解. — 2版.—郑州：海燕出版社，2024.2
（中国式阅读法传承工程）
ISBN 978-7-5350-9224-3

Ⅰ.①孝… Ⅱ.①任… ②林… ③李… ④杨… Ⅲ.①家庭道德-中国-古代 ②《周易》 Ⅳ.①B823.1 ②B221

中国国家版本馆CIP数据核字（2023）第096303号

孝经 易传（第2版）
XIAOJING YIZHUAN ( DI 2 BAN )

出 版 人：李 勇
数字编辑：许 芳
选题策划：韩 青 胡宜峰
责任校对：郝 欣
责任编辑：胡宜峰 高 天
责任印制：邢宏洲
美术编辑：韩 青 刘 瑾
装帧设计：韩 青

出版发行：海燕出版社
地址：河南自贸试验区郑州片区（郑东）祥盛街27号 邮编：450016
网址：www.haiyan.com
总编室：0371-63932972 发行部：0371-65734522
经 销：全国新华书店
印 刷：河南新华印刷集团有限公司
开 本：787毫米×1092毫米 1/16
印 张：5
字 数：100千字
版 次：2024年2月第2版
印 次：2024年2月第3次印刷
定 价：23.00元

# 序

从古至今，我们都把上学受教育叫作『读书』，把文人儒士称为『读书人』，为什么呢？因为对于学习来说，『读』是最重要的一件事情！古代的学生在学校里，大部分时间都在『读』。『读』是文人儒士的标志性动作。

『读书』的目的是什么呢？是为了背诵，还是为了理解？这两个也都是读书的目的，但不是最终目的。读书的根本目的，是修身，是为了把自己变成一个好人。好人又分不同的层次，上等的好人为圣贤、为君子。圣贤、君子的外在表现为『气象』，这才是读书的最终目的。

『气象』如何获得？首先要明理，也就是读经并且理解。但是，只明理是没有大用处的，因为明理很难，做起来更难。所以孔子的教育理念是『文化』，以『文』『化』人，以外在的美丽的形式，去熏陶和改变学生的性情、习惯、品格。得到了君子气象，方为君子。因此，古代圣贤特别重视读书的外在形式。我们现在把古代这种优美好听、丰富多彩的读书形式叫作『吟诵』。

在孔子的时代，儒家都是『吟诵』的，而墨家是『平读』的。墨子批评孔子：『弦歌鼓舞，习为声乐，此足以丧天下。』又说：『诵《诗》三百，弦《诗》三百，歌《诗》三百，舞《诗》三百。若用子之言，则君子何日以听治？庶人何日以从事？』墨子说，吟诵太浪费时间，『平读』才有效率。

事实果真如此吗？

墨家尚质而儒家尚文。所以儒士都叫『文人』，儒家教育叫作『文化』。对于墨家的观点，儒家是这样回答的：『棘子成曰：「君子质而已矣，何以文为？」子贡曰：「惜乎，夫子之说君子也！驷不及舌。文，犹质也；质，犹文也。虎豹之鞟，犹犬羊之鞟。」』

『文，犹质也；质，犹文也。』这句话说得太精彩了！什么内容就有什么形式。形式就是内容，内容就是形式。形式变了，内容也就变了；形式没了，内容也就虚了。这才是我们中国人的整体性思维。

儒家和墨家谁说得对？历史证明一切。如果墨家成事，我们中国也就没有『文化』了，只有『质化』，而『质』是『化』不了人的。我们中国文化，不仅有儒家经典，有道学，有饮食文化，还有建筑、瓷器、音乐、舞蹈、服饰、书画、戏曲、家具、印刷、雕刻诸文化，都非常精美，非常细腻，非常讲究，这就是儒家文化的发扬。若从了墨家，一切高雅丰富皆无，大家都披着麻袋片，嚼着树叶，住着山洞，那中国文明就没有如此辉煌灿烂的发展了。

明白了上述道理，就不难理解『吟诵』的文化内涵。『吟诵』不仅是读书的形式之一，其本身也具有含义、具有气韵、具有文化。『平读』是没有读法的读法，『朗诵』是西方的读法，这些形式都与内容不符。不符合内容的形式，对于内容的贯彻一定是有妨碍作用的，用西方的形式或者漠然的形式对待儒家经典，真的能够在孩子的心中扎下儒家思想之根吗？我表示严重怀疑。文化的传承，不仅仅是道理的传承，也许更重要的是这些形式，这才是活生生的文化，入情入心。文化不仅是讲解、理解而传承的，更是通过体验、感受而延续的。吟诵的圆润流转、坦率真诚、高雅大方、丰富细腻，就是儒家经典的直接表现。

『文』的丰富多彩，『道』的千变万化，在每个人身上的表现都是不一样的。所以古代教育是强调因材施教的。一对一教学，有针对性地传授，跟随式学习，应该是古代教育的主要方式。这种方式表现了对个人的人格尊重和人文关怀。因此，『气象』也是各不一样的。『读书』即『吟诵』，是个别教学、个别进行的。每个老师都有自己的教程、教法，每个学生都有自己的课程和课本。经典教育是没有统一教材的。所谓『教材』，乃是教学素材的意思，每个老师都要根据每个学生的情况，选择不同的教学素材，进行不同的教学。这是中国传统教育的基本形态。

因此，『读书』一定要『吟诵』，『吟诵』一定要老师自己吟诵，以人教人，对不同的学生采用不同的教材、实施不同的教法。『中国式阅读法传承工程』这套教材就是这样的一套教学素材。它有普通话吟诵录音，规矩典范又优美动听，从中可以感受到君子、淑女的气象。更重要的，它是一线教师自己的吟诵，亲身教给学生，根据学生的情况随时做调整。如果您明白了这个道理，也就知道应该如何使用这套教材了。

中华吟诵学会秘书长　徐健顺

二〇一五年八月

# 主编的话

本丛书是在总结『先锋教育』近二十年传统经典教育成果的基础上，吸纳了中国教育教学传统智慧和国内外同人现代实践经验编写而成的，体现着广大师生、业界人士对不同教育方式的探索。此次与海燕出版社一起精心策划，推出一套可普及社会、人人皆宜的经典文化学习教材，诚为丛书出版的缘起和宗旨。

我提倡把中国传统教育中独有而又系统的经典教育方法和传承模式叫作中国式阅读。图文式整体识读、内容以圣贤经典为主、声情印心的吟诵，是中国式阅读的基本特点，这是中华民族对人类文明的巨大贡献。而弘扬文化、传承文明是教育的重要责任和最终目标，此为本丛书之所以命名为『中国式阅读法传承工程』之用意。

诵读经典是人类几千年来总结出来的最经济、最有效的学习方式。丛书所选书目，均为中华传统文化典籍中的核心经典。在编写过程中，版本的选择慎之又慎，不论是选用古本还是通用本，原文中不同于市面常见版本的细微差异处体现着我们对经典的不同理解和感悟，特此说明。

繁体正体竖排、不加句读以及由右至左阅读的方式，适应十三岁前少年儿童生理和整体图像识读记忆的特点，符合现代快速阅读、快速记忆的教育生理学原理，并有利于开发学习者的右脑和先天智慧。我们在多年的教学实践中对此深有体会和印证，读者诸君不必担心会由此增加阅读负担。书中经典原文采用正体大字，有利于读者反复诵读，且有效保护视力；页下小字注释则力求简明准确，可帮助教师、家长以及其他成年读者初步理解经典之奥义。

邀约儒家研修者对经典中核心字、句进行注解，同时邀请业内资深学者吟诵，此为本丛书用力至勤之处。图书经典原文部分采用最先进的MPR有声读物铺码技术，读者使用符合国际标准的MPR点读笔即可整篇或分段点读倾听；此外设有扫码听书功能，方便实用，生动有趣。

愿此套丛书的出版发行能够将中国传统教育精华延及千家万户，愿我们的读者能在经典的浸润下日渐睿智、乐观、通达！

先锋教育创始人、中华孔子学会理事　任晓林　泰运乙未年·秋

# 孝经

# 孝經

## 開宗明義章第一①

仲尼居②曾子侍③子曰 先王有至德要道④以順天下⑤民用和睦⑥上下無怨 汝知之乎 曾子避席曰⑦參不敏⑧何足以知之 子曰 夫孝 德之本也⑨教之所由生也 復坐 吾語汝 身體髮膚⑩受之父母不敢毀傷⑪孝之始也 立身行道⑫揚名於後世 以

①开宗明义：揭示宗旨，使义理显明。②仲尼：指孔子。孔子姓孔，名丘，字仲尼。居：闲居。③曾子：孔子的弟子，姓曾，名参，字子舆。侍：侍坐，陪伴。④先王：指尧、舜等古代圣王。至德要道：至善之德，重要的道理。⑤顺天下：使天下安顺。⑥用：因此。⑦避席：回答他人时离席以示尊敬。⑧敏：机敏。⑨夫孝，德之本也：孝为道德之根本。⑩身体发肤：头颈胸腹、四肢、毛发、皮肤。⑪毁伤：毁坏，刑伤。⑫立身：自立而有所建树。行道：行圣人仁义之道。

顯父母① 孝之終也② 夫孝 始於事親 中於事君 終於立身③ 大雅云 無念爾祖 聿修厥德④

## 天子章第二⑤

子曰 愛親者⑥不敢惡於人⑦ 敬親者 不敢慢於人⑧ 愛敬盡於事親 而德教加於百姓 刑於四海⑨ 蓋天子之孝也 甫刑云⑩ 一人有慶 兆民賴之⑪



①显：光显、光耀。②孝之终：孝的终极目标。③夫孝，始于事亲，中于事君，终于立身：孝从侍奉双亲开始，进一步是侍奉好君主，终极目标则是自立而有所建树。④无念尔祖，聿(yù)修厥(jué)德：怎能不追念你的先祖，好好修行、发扬他们的美德？聿，助词。厥，他们的。⑤天子章：此章讲国之明君应尽之孝道。⑥亲：指父母双亲。⑦恶：憎恶。⑧慢：轻慢。⑨刑：通“型”，典范，示范。⑩《甫刑》：《尚书•吕刑》。⑪一人有庆，兆民赖之：如果天子一人行爱敬之孝道，那么天下人都可信赖他。一人，即天子。庆，善行，即上文爱敬之德。兆民，百姓。

## 諸侯章第三①

在上不驕　高而不危②　制節謹度③　滿而不溢④　高而不危　所以長守貴也　滿而不溢　所以長守富也　富貴不離其身　然後能保其社稷⑤　而和其民人⑥　蓋諸侯之孝也　詩云　戰戰兢兢　如臨深淵　如履薄冰⑦

①诸侯章：此章讲周天子分封的公、侯、伯、子、男等诸侯应尽之孝道。②在上不骄，高而不危：居诸侯之位而不骄纵，那么就会处高位而不会倾覆。③制节：费用节俭。谨度：慎行礼法。④满而不溢：财物丰饶而不会流失。⑤社稷：代指国家。⑥和其民人：与人民和睦相处。⑦“战战兢兢”三句：出自《诗经·小雅》，意为，战战兢兢的样子，就像站在深潭之边，如同走在薄薄的冰面上一样。此句指诸侯当常怀戒惧之心。

孝經



## 卿大夫章第四①

非先王之法服②不敢服 非先王之法言不敢道 非先王之德行不敢行 是故 非法不言 非道不行 口無擇言③ 身無擇行 言滿天下無口過④ 行滿天下無怨惡⑤ 三者備矣⑥ 然後能守其宗廟⑦ 蓋卿大夫之孝也 詩云 夙夜匪懈 以事一人⑧

①卿大夫章：此章讲朝廷里的大夫们应尽之孝道。卿，地位较高的上大夫。②非先王之法服：不符合先王礼法规定的衣服。③口无择言：所说的话都无可指摘。④言满天下无口过：言论遍天下，却没有什么说错的话。⑤行满天下无怨恶：走遍天下，也不会因为行为失当而招来怨恨和厌恶。⑥三者：指法服、法言、德行。⑦宗庙：祭祀祖宗之庙。⑧夙夜匪懈，以事一人：出自《诗经·大雅》，意为，无论早上还是夜里，都毫不懈怠地敬事国君。夙，早晨。匪，通“非”，不。事，侍奉。

## 士章第五①

資於事父以事母　而愛同②　資於事父以事君　而敬同　故母取其愛③　而君取其敬④　兼之者父也⑤　故以孝事君則忠　以敬事長則順　忠順不失　以事其上　然後能保其祿位⑥　而守其祭祀⑦　蓋士之孝也　詩云　夙興夜寐　無忝爾所生⑧

①士章：此章讲士人应尽之孝道。士，士人，地位在大夫之下、庶人之上。②资于事父以事母，而爱同：用侍奉父亲的方法去侍奉母亲，对他们的爱心是相同的。资，取。③母取其爱：侍奉母亲的孝道，是取其爱心。④君取其敬：侍奉君主的孝道，是取其敬意。⑤兼之者父也：侍奉父亲的孝道，是兼具爱心与敬意的。⑥禄位：官位。⑦守其祭祀：履行自己祭祀祖先的义务。⑧夙兴夜寐，无忝(tiǎn)尔所生：出自《诗经·小雅》，意为，早起晚睡进德修业，不要辱没了生养你的父母。寐，睡觉。忝，辱没。所生，指生养自己的父母。

## 庶人章第六①

用天之道②，分地之利③，謹身節用④，以養父母，此庶人之孝也。故自天子至於庶人，孝無終始，而患不及者，未之有也⑤。

## 三才章第七⑥

曾子曰：甚哉，孝之大也⑦！子曰：夫孝，天之經也⑧，地之義也，民之行也⑨。天地之經，而民是則之⑩。則

①庶人章：本章讲平民百姓应尽之孝道。②用天之道：指从事农业生产要顺应时令。③分地之利：分别土地的特性而各尽其宜。④谨身节用：言行谨慎，度日节俭。⑤患不及者，未之有也：担心自己不能行孝的人是不存在的。⑥三才章：本章讲天、地、人与孝道的关系。三才，指天、地、人。⑦孝之大也：孝道的内容多么高深博大啊！⑧经：规律，永恒不变的道理。⑨行：指行为的准则。⑩则：效法，遵循。

天之明　因地之利　以順天下①　是以其教不肅而成②　其政不嚴而治　先王見教之可以化民也③　是故先之以博愛④　而民莫遺其親　陳之以德義⑤　而民興行⑥　先之以敬讓⑦　而民不争　導之以禮樂⑧　而民和睦　示之以好惡　而民知禁　詩云　赫赫師尹　民具爾瞻⑨

䷆ 师

①顺天下：顺应自然规律，向天下施行教化。②其教不肃而成：推行教化不需要使用严厉的手段就能成功。肃，严肃，严厉。③化：感化。④先之以博爱：率先施行博爱之道。⑤陈之以德义：向百姓宣讲道德和礼义。⑥兴行：起而实行。⑦先之以敬让：率先施行敬让之道。⑧导之以礼乐：以礼乐之教开导百姓。⑨赫赫师尹，民具尔瞻：出自《诗经·小雅》，意为，名声显扬的周太师，人民都仰望着你的一举一动啊。师尹，即周太师，三公之一。具，通“俱”，都。瞻，仰望。

## 孝治章第八①

子曰　昔者明王之以孝治天下也②　不敢遺小國之臣③　而況於公侯伯子男乎　故得萬國之歡心④　以事其先王　治國者　不敢侮於鰥寡⑤　而況於士民乎　故得百姓之歡心　以事其先君⑥　治家者　不敢失於臣妾⑦　而況於妻子乎　故得人之歡心　以事其親　夫然　故生則親安之⑧　祭則鬼享之⑨　是以天下和平　災害不生　禍亂不作　故明王之以孝治

①孝治章：本章讲以孝治天下的道理。②明王：先代圣明之王。③遗：遗弃。此处指对待小国之臣也不失礼仪。④万国：泛指各个诸侯国。⑤鳏（guān）寡：无妻或丧妻为鳏，丧夫为寡。此处引申为孤弱者。⑥事其先君：指百姓和百官各司其职，共同帮助国君和诸侯祭祀先祖。⑦失于臣妾：怠慢奴婢。臣妾，指家奴。⑧生则亲安之：父母活着时要尽心奉养，使其安乐。⑨祭则鬼享之：父母去世后要严奉祭祀，让魂灵安享。

天下也如此　詩云　有覺德行　四國順之①

## 聖治章第九②

曾子曰　敢問聖人之德　無以加於孝乎③　子曰　天地之性　人爲貴④　人之行　莫大於孝　孝莫大於嚴父⑤　嚴父莫大於配天⑥　則周公其人也⑦　昔者　周公郊祀后稷以配天⑧　宗祀文王於明堂以配上帝⑨　是以四海之內　各以其職來祭⑩　夫聖人之德　又何



①有觉德行，四国顺之：出自《诗经•大雅》，意为，天子有如此正直的德行，那么四方之国都会来归顺。觉，正直。②圣治章：此章讲圣王以孝道治天下的道理。③无以加于孝乎：没有比孝道更高尚的吗？④天地之性，人为贵：天地所化生的万物之中，以人最为尊贵。⑤孝莫大于严父：孝行之大者，没有比尊敬其父更大的了。严，使其有尊严，尊敬。⑥配天：（把父亲）和上天一起祭祀。⑦周公：周文王之子，周成王之叔父。⑧郊祀后稷以配天：祭祀上天时，尊始祖后稷以配享。后稷，周的始祖。⑨宗祀文王于明堂以配上帝：在明堂祭祀天帝时，尊父亲文王以配享。宗祀，聚宗族而祭祀。⑩各以其职来祭：海内诸侯各修其职来助祭。

以加於孝乎

故親生之膝下　以養父母日嚴①　聖人因嚴以教敬因親以教愛②　聖人之教　不肅而成　其政不嚴而治　其所因者本也③　父子之道　天性也　君臣之義也　父母生之　續莫大焉④　君親臨之　厚莫重焉⑤

故不愛其親而愛他人者　謂之悖德⑥　不敬其親而敬他人者　謂之悖禮　以順則逆⑦　民無則焉　不在於善⑧　而皆在於凶德⑨　雖得之⑩　君子不貴也

①严：尊敬，尊重。②因严以教敬，因亲以教爱：圣人根据人尊重父母的天性，而教以爱敬之情。③因：因循。本：根本，即指孝道。④父母生之，续莫大焉：父母生子，血脉相续，人伦之道以此为最大。⑤君亲临之，厚莫重焉：父亲之于子女又像君主之于臣子，没有比这种恩义更厚重的。⑥悖德：违于道德。⑦以顺则逆：让正道理服从歪道理。⑧不在于善：不注重践行爱敬之心。⑨凶德：违背道德和礼法的做法。⑩得之：实现志向，有所成就。

君子則不然 言思可道① 行思可樂② 德義可尊③ 作事可法 容止可觀 進退可度 以臨其民④ 是以其民畏而愛之 則而象之 故能成其德教 而行其政令 詩云 淑人君子 其儀不忒⑤

## 紀孝行章第十⑥

子曰 孝子之事親也 居則致其敬⑦ 養則致其樂⑧ 病則致其憂⑨ 喪則致其哀⑩ 祭則致其嚴⑪ 五者備



①言思可道：说话就想着能够让民众称道。②行思可乐：做事就想着能够让民众快乐。③德义可尊：德行和义举值得人们尊重。④临：治理，统治。⑤淑人君子，其仪不忒：出自《诗经·曹风》，意为善人君子的仪表言行没有一点差错。淑，善。忒（tè），差错。⑥纪孝行章：此章讲孝行的要点。⑦居：平时居家。致其敬：竭尽恭敬之心。⑧致其乐：想方设法使父母愉悦。⑨致其忧：尽心照顾父母，时刻忧念。⑩致其哀：竭尽悲痛之心料理丧事。⑪致其严：保持严肃尊敬之情。

矣　然後能事親　事親者　居上不驕①　爲下不亂②　在醜不爭③　居上而驕則亡　爲下而亂則刑④　在醜而爭則兵⑤　三者不除　雖日用三牲之養⑥　猶爲不孝也

## 五刑章第十一⑦

子曰　五刑之屬三千⑧　而罪莫大於不孝　要君者無上⑨　非聖人者無法⑩　非孝者無親⑪　此大亂之道

①居上不骄：身居高位时不飞扬跋扈。②为下不乱：位卑人低时不犯上作乱。③在丑不争：在同辈中不与人争斗攀比。丑，通“俦”，同辈。④刑：招致刑戮。⑤兵：用兵器攻杀，导致伤害。⑥三牲：牛、羊、猪。古代三牲同用称太牢，用于规格最高的祭祀。⑦五刑章：此章讲不孝之罪应受到的刑罚。五刑，即墨、劓(yì)、剕(fèi)、宫、大辟五种刑罚。墨，脸上刺字；劓，截断鼻子；剕，断足；宫，破坏生殖机能的刑罚；大辟，死刑。⑧五刑之属三千：犯五刑之罪的具体条目有三千之多。⑨要君者无上：以武力要挟君主者，为目无主上。要，要挟。⑩非圣人者无法：诽谤圣人者，为目无法度。因礼乐法度都是圣人制定的。⑪非孝者无亲：不奉行孝道者，为目无双亲。

也①

## 廣要道章第十二②

子曰：教民親愛，莫善於孝。教民禮順，莫善於悌。移風易俗，莫善於樂③。安上治民，莫善於禮。禮者，敬而已矣④。故敬其父，則子悦；敬其兄，則弟悦；敬其君，則臣悦；敬一人，而千萬人悦。所敬者寡，而悦者衆⑤。此之謂要道也⑥。

同人

①大乱之道：大乱的根源。②广要道章：此章讲孝道的要点。广，推广，宣传。③乐：音乐教化。④礼者，敬而已矣：礼的核心就是一个“敬”字。⑤所敬者寡，而悦者众：所敬爱的对象是少数人，因此而感到快乐的却是多数人。⑥要道：关键之处。

## 廣至德章第十三①

子曰 君子之教以孝也 非家至而日見之也② 教以孝 所以敬天下之爲人父者也 教以悌 所以敬天下之爲人兄者也 教以臣 所以敬天下之爲人君者也 詩云 愷悌君子 民之父母③ 非至德其孰能順民 如此其大者乎④

①广至德章：此章讲实行孝道的意义。②家至：亲自造访家家户户。日见之：每天和百姓面对面地宣讲。③恺悌(kǎi tì)君子，民之父母：这句出自《诗经•大雅》，意为，和颜悦色、易于接近的君子，就像人民的父母一样。恺，欢乐。悌，平易。④“非至德”两句：如果不是至德之君，谁能使民心顺从，成就如此广大的事业呢？

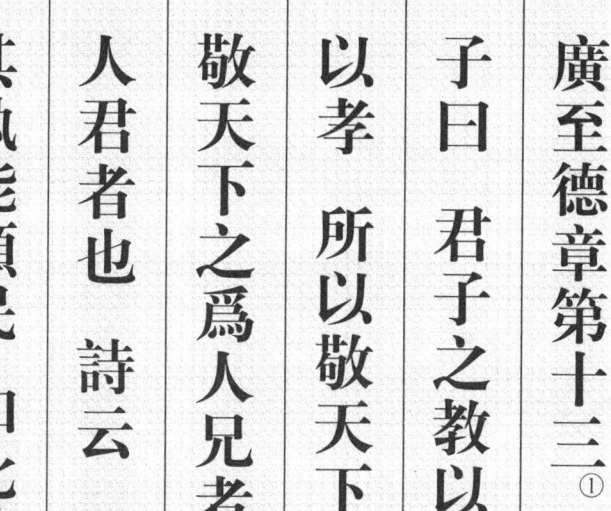

## 廣揚名章第十四①

子曰：君子之事親孝，故忠可移於君②；事兄悌，故順可移於長③；居家理，故治可移於官④。是以行成於內⑤，而名立於後世矣。

## 諫諍章第十五⑥

曾子曰：若夫慈愛恭敬，安親揚名⑦，則聞命矣⑧。敢問子從父之令⑨，可謂孝乎？子曰：是何言與⑩？是何

谦

①广扬名章：此章讲孝道和个人名声的关系。②故忠可移于君：则他的孝心可以移作对君主的忠心。③故顺可移于长：则他的恭顺之心可以移作对官长的顺从。④居家理，故治可移于官：居家能处理好家务，则他的治理才能可以用来处理政事。⑤形成于内：在家里践行孝道。⑥谏诤章：此章讲实行孝道必须坚持正义的原则，如果遇到君、父有过失，应当力谏以纠正错误。⑦若夫：句首语气词。⑧闻命：听闻夫子之教诲。⑨子从父之令：儿子听从父亲的一切命令。⑩是何言与：这是什么话呢！

言與

昔者天子有争臣七人① 雖無道 不失其天下 諸侯有争臣五人 雖無道 不失其國② 大夫有争臣三人 雖無道 不失其家 士有争友 則身不離於令名③ 父有争子 則身不陷於不義 故當不義 則子不可以不争於父 臣不可以不争於君 故當不義則争之 從父之令 又焉得爲孝乎④

①争(zhèng)：通“诤”，规劝。②国：指诸侯国。③令名：善名，美好的名声。令，善。④焉得为孝乎：怎么能称得上尽孝呢？

## 感應章第十六①

子曰 昔者 明王事父孝② 故事天明③ 事母孝 故事地察④ 長幼順 故上下治 天地明察⑤ 神明彰矣⑥ 故雖天子 必有尊也⑦ 言有父也 必有先也⑧ 言有兄也 宗廟致敬 不忘親也⑨ 修身慎行 恐辱先也⑩ 宗廟致敬 鬼神著矣⑪ 孝悌之至 通於神明 光於四海 無所不通 詩云 自西自東 自南自北 無思不服⑫

随

①感应章：此章讲孝道对于民众的感召力。②明王：古代圣明的帝王。③事天明：在祭祀天神时，能够知晓上天的意旨。④事地察：在祭祀地神时，能够洞察大地的物理。⑤天地明察：天地都清楚地知道他的德义之行。⑥神明彰矣：神明感其至诚而降下福佑。彰，表扬，奖励。⑦虽天子，必有尊也：即使贵为天子，也一定有应当尊敬的人。⑧必有先也：一定有他所礼让的人。⑨宗庙致敬，不忘亲也：在宗庙祭祀时充分表达敬意，以示不敢忘其亲。⑩恐辱先也：担心辱没了先祖而盛业毁败。⑪鬼神著矣：鬼神安享祭祀，明白地知道天子这份敬孝之心。⑫自西自东，自南自北，无思不服：这句出自《诗经·大雅》，意为，无论是西方、东方，还是南方、北方，人们没有不对文王心悦诚服的。思，语气词。

## 事君章第十七①

子曰　君子之事上也　進思盡忠②　退思補過③　將順其美④　匡救其惡⑤　故上下能相親也　詩云　心乎愛矣　遐不謂矣　中心藏之　何日忘之⑥

## 喪親章第十八⑦

子曰　孝子之喪親也　哭不偯⑧　禮無容⑨　言不文⑩　服美不安　聞樂不樂⑪　食旨不甘⑫　此哀戚之情也

①事君章：此章讲孝子在朝廷侍奉君主之道。②进思尽忠：入朝进见君主，与之谋虑国事，则思尽其忠心。③退思补过：退朝回家后，常常念及自己的职事，思考弥补君主过失之法。④将顺其美：君主有美善，就顺而行之。将，推行，奉行。⑤匡救其恶：君主有过错，纠正而止之。匡，正。救，止。⑥“心乎爱矣”四句：出自《诗经·小雅》，意为，臣子爱君，虽不在君身边不能言说，但爱君的心意藏在心中，从来不曾忘记。遐，远。谓，言说。中心，心中。⑦丧亲章：此章指孝子如何办理丧事。⑧哭不偯(yǐ)：哭到气竭而止，发不出悠长的哭腔。偯，哭声的余腔。⑨礼无容：举止进退不讲求容貌仪态。⑩言不文：说话不求文采修饰。⑪闻乐(yuè)不乐(lè)：听到美妙的音乐也不以为乐。⑫旨：美味。

三日而食　教民無以死傷生　毀不滅性①　此聖人之政也　喪不過三年　示民有終也

爲之棺椁衣衾而舉之②　陳其簠簋而哀戚之③　擗踴哭泣④　哀以送之　卜其宅兆　而安措之⑤　爲之宗廟以鬼享之⑥　春秋祭祀　以時思之⑦　生事愛敬⑧　死事哀戚　生民之本盡矣　死生之義備矣　孝子之事親終矣⑨

①毁不灭性：虽然悲痛，但不能灭绝正常的人性。毁，指居丧时因过度悲痛而损伤身体。②棺、椁(guǒ)：古代棺材有两重，里棺曰棺，外棺为椁。衾：被褥。举：抬。③陈：陈列。簠(fǔ)簋(guǐ)：祭器。④擗踊(pǐ yǒng)：捶胸顿足，形容哀痛之至。⑤卜其宅兆，而安措之：通过占卜选择墓地安葬亲人。宅，墓穴。兆，坟茔。措，放置，此处指安葬。⑥以鬼享之：以对待魂灵的礼节祭祀父母。享，祭祀。⑦春秋祭祀，以时思之：一年中按时以礼祭祀，以表达思念之情。⑧生事爱敬：父母在世时，以无微不至的爱敬孝敬父母。事，侍奉。⑨“生民之本”三句：意为，做到了这些，也就算做到了为人的本分之事，完成了奉生送死的孝义，履行了孝子侍奉双亲的职责。生民，百姓，人民。

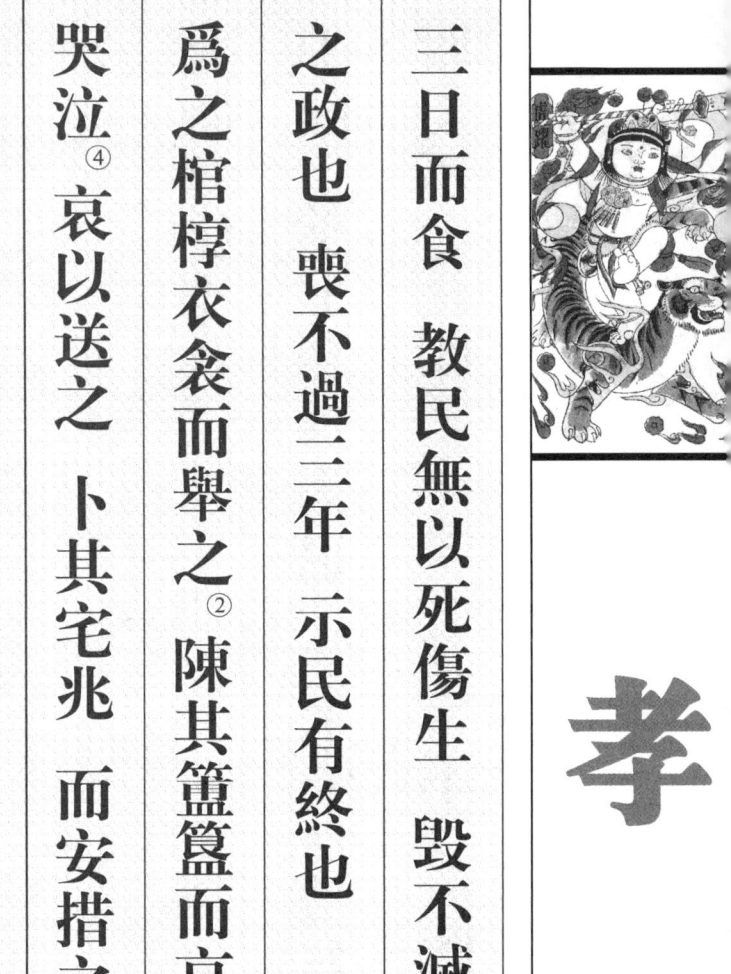

# 易传

## 繫辭 上傳

### 第一章

天尊地卑①乾坤定矣②卑高以陳③貴賤位矣④動靜有常⑤剛柔斷矣⑥方以類聚⑦物以羣分 吉凶生矣⑧在天成象⑨在地成形⑩變化見矣⑪

是故剛柔相摩⑫八卦相蕩⑬鼓之以雷霆⑭潤之以風雨⑮日月運行 一寒一暑 乾道成男 坤道成女⑯

①尊：崇高。卑：近，下。②乾坤：乾为天，坤为地。③卑高：天为高，地为卑。以：已。④贵贱：天为贵，地为贱。位：得处其位。⑤常：常道，恒常。⑥断：断制，分别。⑦方：事物。⑧吉凶生矣：指事物聚分不同而吉凶不同。⑨象：天上日月雷电风雨云雾之象。⑩形：地上山林草木、川泽江河、鸟兽虫鱼之形。⑪变：无中生有为变。见(xiàn)：通“现”，显现。⑫摩：摩切，摩擦。⑬荡：冲击，激荡。⑭鼓之以雷霆：以雷霆之声相鼓荡。⑮润：润泽，滋润。⑯乾道成男，坤道成女：乾道为天，成就男性；坤道为地，成就女性。

乾知大始①，坤作成物②。乾以易知③，坤以簡能④。易則易知，簡則易從。易知則有親，易從則有功⑤。有親則可久，有功則可大⑥。可久則賢人之德⑦，可大則賢人之業⑧。易簡而天下之理得矣⑨。天下之理得，而成位乎其中矣⑩。

## 第二章

聖人設卦觀象⑪，繫辭焉而明吉凶⑫，剛柔相推而生

①乾知大始：天之所为是创始万物。知，作、为。②坤作成物：地之作为是养成万物。③乾以易知：乾是容易了解的。因为乾为天，高悬于上，明白可见。④坤以简能：坤的功能简单易行。坤为地，化为万物，故简单易行。⑤“易知”两句：乾坤之道易于知晓，故亲近而不疏远；易于跟从，故可见功效。⑥“有亲”两句：乾坤之道可以亲近，故可长久；有功效，故可以不断使此功效扩大。⑦德：品德，德行。⑧业：功业。⑨天下之理得矣：天下的道理包含在简易、可知、可从的乾坤之道中。⑩成位：成就不朽的名位。⑪设卦观象：设立卦辞，观察卦象。⑫系辞：系属文辞，于卦辞、爻辞之后。

# 易傳

變化①是故吉凶者　失得之象也　悔吝者　憂虞之象也②變化者　進退之象也　剛柔者　晝夜之象也③六爻之動④三極之道也⑤

是故君子所居而安者　易之序也⑥所樂而玩者　爻之辭也⑦是故君子居則觀其象而玩其辭⑧動則觀其變而玩其占⑨是以自天祐之　吉無不利⑩

䷕ 贲

①刚柔相推而生变化：从刚柔的种种不同推荡中产生变化。推，推荡。②悔：不幸之事。吝：困顿、困难之事。虞：忧虑，忧患。③刚柔者，昼夜之象也：刚为乾为阳，为白昼之象；柔为坤为阴，为黑夜之象。④六爻(yáo)之动：六爻的不同变化。爻，组成八卦的长短横道。⑤三极之道：即天道、地道、人道。⑥序：指体察《易》的卦象。⑦所乐而玩者，爻之辞也：意为，君子赏玩而得乐趣的，是《易》的爻辞。玩，玩味，揣摩。⑧居：安居不出。⑨动：出门有所活动。占：占卜。⑩自天祐之，吉无不利：上天保佑，无论做什么都吉利。

## 第三章

彖者①言乎象者也 爻者②言乎變者也 吉凶者言乎其失得也 悔吝者 言乎其小疵也③ 無咎者善補過也④

是故列貴賤者存乎位⑤ 齊小大者存乎卦⑥ 辯吉凶者存乎辭⑦ 憂悔吝者存乎介⑧ 震無咎者存乎悔⑨

是故卦有小大 辭有險易⑩ 辭也者 各指其所之

易與天地準 故能彌綸天地之道⑪ 仰以觀於天文



①彖(tuàn)：卦辞，即对卦象的解释、说明。②爻：爻辞，讲的是卦象的变化。③小疵：小问题，细节。④无咎者，善补过也：没有过错是因为善于改正过错。⑤列贵贱者存乎位：通过六爻位置的不同来分别贵贱。⑥齐小大者存乎卦：根据卦象的不同分为阳卦、阴卦（阳为大，阴为小），以此来分别大小。⑦辩吉凶者存乎辞：通过卦辞来分辨吉凶。⑧忧悔吝者存乎介：通过细节来忧虑悔吝之事。介，纤介，即“小疵”。⑨震无咎者存乎悔：通过追悔来达到没有过错。⑩险易：或险难，或平易。⑪“《易》与天地”两句：意为，《易》合于天地，故可以总括天地之道。准，相合。弥纶，统合、总括。

俯以察於地理 是故知幽明之故① 原始反終② 故知死生之說

## 第四章

精氣爲物 游魂爲變③ 是故知鬼神之情狀 與天地相似 故不違 知周乎萬物④ 而道濟天下 故不過⑤ 旁行而不流⑥ 樂天知命 故不憂 安土敦乎仁 故能愛⑦ 範圍天地之化而不過⑧ 曲成萬物而不遺⑨

①幽明之故：天地之间或隐微或显明的道理。②原始反终：推原本始，返其根本。原，推原。③精气：神之精气。游魂：游动的鬼魂。④知周乎万物：智慧存在于万物之中。知，通“智”。⑤不过：没有过错。⑥旁行而不流：并行而不流失。旁行，并行。流，流失。⑦安土敦乎仁，故能爱：安于所居之处，厚于仁德，故心存仁爱。敦，厚。⑧范围天地之化而不过：统摄天地之变化而不过度。范围，统摄，涵盖。⑨曲成万物而不遗：普遍成就万物而无所遗漏。曲，普遍。

通乎晝夜之道而知①，故神無方而易無體②。

一陰一陽之謂道。繼之者善也③，成之者性也④。仁者見之謂之仁，知者見之謂之知，百姓日用而不知⑤，故君子之道鮮矣⑥。

## 第五章

顯諸仁，藏諸用⑦，鼓萬物而不與聖人同憂⑧，盛德大業至矣哉！富有之謂大業⑨，日新之謂盛德⑩。生

①通乎昼夜之道而知：通达昼夜变化之道而充满智慧。②神无方而《易》无体：神飘忽而无定方，《易》广大高远而无固定形体。③继之者善也：继承阴阳之道者，可谓自我完善。④成之者性也：成就阴阳之道者，是其本性。⑤百姓日用而不知：百姓每日都在运用道，却自己意识不到。⑥君子之道鲜矣：很少有人能知道君子之道。鲜，少。⑦用：万物的功用。⑧鼓万物而不与圣人同忧：道鼓动万物生生变化，却不像圣人一样存有忧世之心。⑨富有：广有天下，无所不有。⑩日新：日日有其新。

生之謂易① 成象之謂乾② 效法之謂坤③ 極數知來之謂占④ 通變之謂事⑤ 陰陽不測之謂神

夫易 廣矣大矣 以言乎遠則不禦⑥ 以言乎邇則靜而正⑦ 以言乎天地之間 則備矣⑧

夫乾 其靜也專⑨ 其動也直⑩ 是以大生焉 夫坤其靜也翕⑪ 其動也闢⑫ 是以廣生焉 廣大配天地⑬ 變通配四時⑭ 陰陽之義配日月⑮ 易簡之善配至德⑯

子曰⑰ 易其至矣乎⑱ 夫易 聖人所以崇德而廣業



①生生：生生不息。②成象之谓乾：形成天象的是乾道。③效法之谓坤：效法天道的是坤道。④极数知来之谓占：穷极运数而知未来的叫占。极，穷极。⑤通变之谓事：通达变化之道的叫行事。⑥以言乎远则不御：从远的方面讲，则是没有止境的。御，止。⑦以言乎迩则静而正：从近的方面讲，则安静而方正。迩，近。⑧备：完备。⑨专：专一。⑩直：刚直。⑪翕：闭合。⑫辟：开辟，大开。⑬广大配天地：广大之德与天地之广大相配。⑭变通配四时：变通之德与四季之更替相配。⑮阴阳之义配日月：阴阳之德与日月之交替相配。⑯易简之善配至德：平易简单之善行与至德相配。⑰子：孔子。⑱《易》其至矣乎：《易》为至德至道。

也①知崇禮卑②崇效天 卑法地 天地設位 而易行乎其中矣③成性存存④道義之門⑤

## 第六章

聖人有以見天下之賾⑥而擬諸其形容⑦象其物宜⑧是故謂之象 聖人有以見天下之動 而觀其會通⑨以行其典禮⑩繫辭焉以斷其吉凶⑪是故謂之爻 言天下之至賾而不可惡也⑫言天下之至動而

①崇德：崇尚至德。广业：扩展事业。②知崇礼卑：智慧崇高，礼节谦卑。③“天地设位”两句：天地设尊卑之位，而《易》即在这高下之位间得以运行。④成性：成就万物之本性。存存：保存万物之生存。⑤道义之门：《易》成为衍生道义的本源。⑥赜(zé)：幽深难见之处。⑦拟诸其形容：比拟其形状。⑧象其物宜：象征其与物相宜之处。⑨观其会通：观察万物变化之合会融通。⑩典礼：典章礼仪。⑪系辞焉以断其吉凶：附辞于卦象，以判断吉凶。⑫天下之至赜而不可恶也：（有了爻辞）天下最繁杂幽隐的，也不为恶。

不可亂也①擬之而後言②議之而後動　擬議以成其變化③

鳴鶴在陰　其子和之　我有好爵　吾與爾靡之④子曰　君子居其室　出其言善　則千里之外應之　況其邇者乎⑤居其室　出其言不善　則千里之外違之　況其邇者乎　言出乎身　加乎民⑥行發乎邇見乎遠⑦言行　君子之樞機⑧樞機之發　榮辱之主也⑨言行　君子之所以動天地也⑩可不慎乎

①天下之至动而不可乱也：（有了爻辞）天下最动荡不安的事，也不至于混乱。②拟：比拟。③拟议以成其变化：通过比拟、议论来促成万物的变化。④爵：酒。靡：分而共饮。⑤“出其言善”三句：意为，君子的善言千里之外都有应和者，何况近处的人。迩，近。⑥言出乎身，加乎民：君子的言论出于自己之口，但会影响到老百姓。加，影响。⑦行发乎迩，见乎远：君子的行为在近处，影响却显现于远处。⑧言行，君子之枢机：言行是君子的关键。枢机，弓弩上的枢纽机关，指关键之处。⑨枢机之发，荣辱之主也：君子的言行如何，决定着他的荣辱。⑩动：感动。

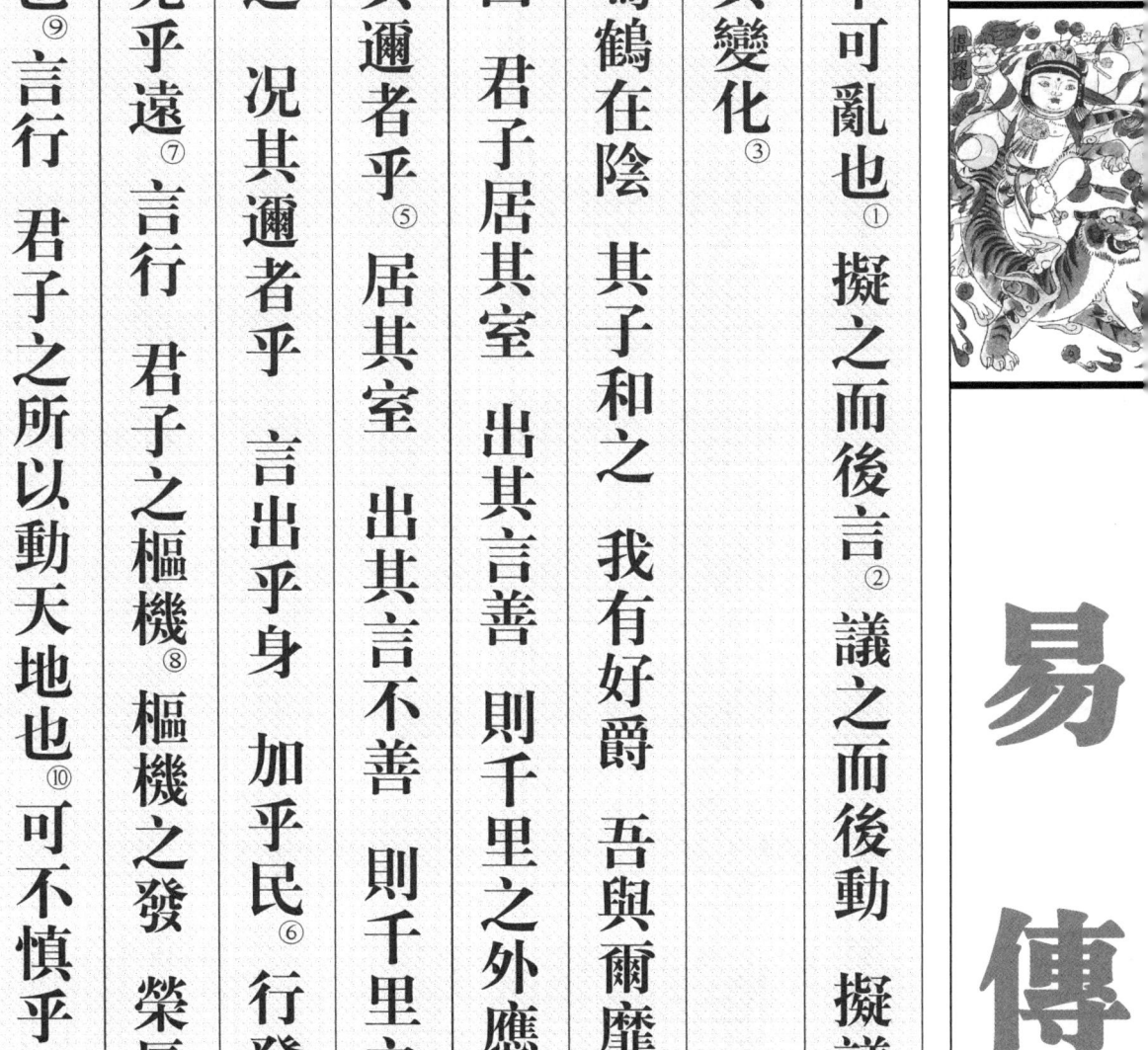

同人 先號咷而後笑① 子曰 君子之道 或出或處② 或默或語 二人同心 其利斷金③ 同心之言 其臭如蘭④

## 第七章

初六 藉用白茅 無咎⑤ 子曰 苟錯諸地而可矣⑥ 藉之用茅 何咎之有 慎之至也⑦ 夫茅之爲物薄而用可重也⑧ 慎斯術也以往⑨ 其無所失矣

①《同人》，先号咷(háo táo)而后笑：这句是引用《同人》卦九五爻辞，为先凶后吉之意。号咷，大哭。②或出或处(chǔ)：或出仕做官，或居家不仕。③二人同心，其利断金：两人如果齐心，则力量像锋利的刀锋一样可以切断金属。利，锋利。④同心之言，其臭(xiù)如兰：二人如果同心，则像兰草一样芳香。臭，香味。⑤初六，藉用白茅，无咎：《大过》卦初六谓，在祭祀品下面垫一层白茅，是没错的。藉，垫。⑥错：通“措”，放置。⑦慎之至也：慎重到了极点。祭品可以直接放在地上，铺垫一层白茅就显得更加慎重了。⑧茅之为物薄而用可重也：白茅自身虽微薄，却可以发挥重大的功用。薄，微薄。⑨慎斯术也以往：慎重地运用这样的办法去做事情。

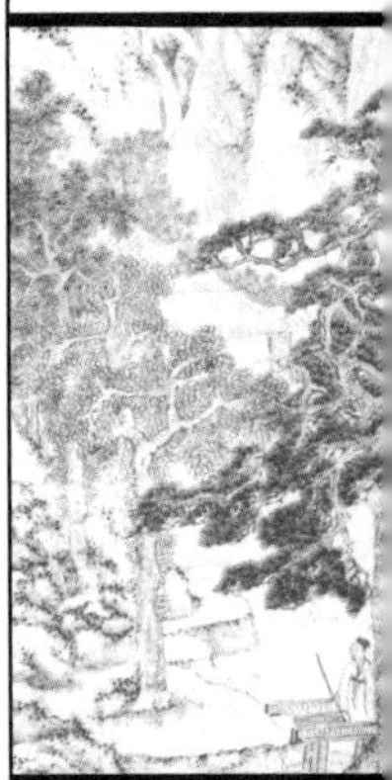

勞謙 君子有終 吉①子曰 勞而不伐②有功而不德③厚之至也 語以其功下人者也④德言盛 禮言恭 謙也者 致恭以存其位者也⑤

亢龍有悔⑥子曰 貴而無位 高而無民⑦賢人在下位而無輔⑧是以動而有悔也

不出户庭 無咎⑨子曰 亂之所生也 則言語以爲階 君不密則失臣 臣不密則失身⑩幾事不密則害成⑪是以君子慎密而不出也



①劳谦，君子有终，吉：《谦》卦九三谓，有功劳却谦虚退让的君子，最终是吉利的。②伐：夸耀。③德：自居有德。④下人：甘愿居于人之下。⑤谦也者，致恭以存其位者也：谦虚，就是表现出恭敬，而能保存自己的名位。致，表达，表现。⑥亢龙有悔：《乾》卦上九谓，物极而反，高处的龙有悔吝之意。亢，高亢、亢极。⑦贵而无位，高而无民：显贵而无位置，处高而没有人民。⑧贤人在下位而无辅：贤人处在下面，龙孤立在上而无辅佐，所以龙处位虽高却有悔吝之意。⑨不出户庭，无咎：《节》卦初九谓，不出家门，没有灾祸。⑩君不密则失臣，臣不密则失身：君主行事不周密，则会失去臣下的拥护；臣子不严密，则会丧失生命。⑪几事：众事。成：成功。

易傳

子曰　作易者　其知盜乎①　易曰　負且乘　致寇至②　負也者　小人之事也③　乘也者　君子之器也④　小人而乘君子之器　盜思奪之矣⑤　上慢下暴　盜思伐之矣⑥　慢藏誨盜　冶容誨淫⑦　易曰　負且乘　致寇至　盜之招也

## 第八章

大衍之數五十⑧　其用四十有九　分而爲二以象

咸

①盗：盗寇之事。②負且乘，致寇至：《解》卦六三谓，携带贵重之物又乘车而行，则会招来盗寇。③負也者，小人之事也：运送贵重之物，是小人的职责。④乘也者，君子之器也：乘车，是君子的权利。⑤盗思夺之矣：盗寇就会想着侵夺了。⑥上慢下暴，盗思伐之矣：在上者骄慢，在下者残暴，盗寇就会想着侵伐了。⑦慢藏诲盗，冶容诲淫：骄慢藏财会招致盗寇，容貌妖冶会招致淫乱。⑧衍：衍算。

兩①挂一以象三②揲之以四以象四時③歸奇于扐以象閏④五歲再閏故再扐而後挂⑤天數五地數五⑥五位相得而各有合⑦天數二十有五⑧地數三十凡天地之數五十有五此所以成變化而行鬼神也⑨乾之策二百一十有六坤之策百四十有四凡三百有六十當期之日⑩二篇之策⑪萬有一千五百二十當萬物之數也⑫是故四營而成易⑬十有八變而成卦⑭八卦而小成引而伸之⑮觸類



①分而为二以象两：将四十九分为上下两部分，象征天、地。②挂一以象三：从天的数里面抽一根出来，象征人，成为天、地、人三者。③揲(shé)之以四以象四时：每四根一组，象征四时。揲，用蓍草占卜。④奇：剩余的。扐(lè)：零数，余数。⑤再扐：再对下面部分进行相同的分组。⑥天数五，地数五：天地之数各占五。⑦五位相得而各有合：天数五、地数五各自相加，得其合。⑧天数二十有五：天数一、三、五、七、九相加为二十五。⑨此所以成变化而行鬼神也：这就是成就各种变化以及行于鬼神的数。⑩期：一年。乾坤之策共三百六十，与一年相当。⑪二篇：《易》上、下二经。⑫当：象征。⑬四营：四次推算过程。⑭十有八变而成卦：经十八个推算过程，成一卦。⑮引而伸之：引申为六十四卦。

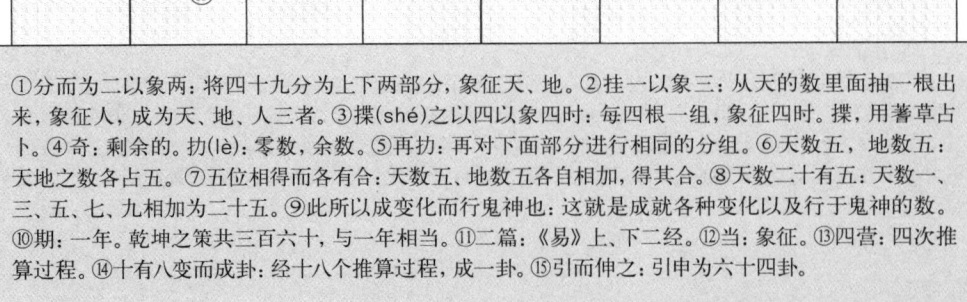

易傳

而長之① 天下之能事畢矣 顯道神德行② 是故可與酬酢 可與祐神矣③

## 第九章

子曰 知變化之道者 其知神之所爲乎④ 易有聖人之道四焉 以言者尚其辭⑤ 以動者尚其變⑥ 以制器者尚其象⑦ 以卜筮者尚其占⑧

是以君子將有爲也⑨ 將有行也 問焉而以言⑩ 其

①觸类而长之：接触万类而加以延伸。②显道神德行：显示出道、神、德之行。③酬酢(zuò)：往来敬酒，指来往应对各种交际。祐神：求得神的保佑。④知变化之道者，其知神之所为乎：知道变化之道的人，能够知道神的所为。⑤以言者尚其辞：重视言论的人重视《易》中的卦辞、爻辞。⑥以动者尚其变：重视变化的人重视《易》中的变化之道。⑦以制器者尚其象：制造器物的人重视《易》中的卦象。⑧以卜筮者尚其占：卜筮的人重视《易》中的占卜之道。⑨为：作为。⑩问焉而以言：以言语来问。

受命也如嚮① 無有遠近幽深 遂知來物② 非天下之至精 其孰能與於此③ 參伍以變④ 错綜其數⑤ 通其變 遂成天地之文⑥ 極其數 遂定天下之象⑦ 非天下之至變⑧ 其孰能與於此 易無思也⑨ 無爲也 寂然不動 感而遂通天下之故⑩ 非天下之至神⑪ 其孰能與於此

夫易 聖人之所以極深而研幾也⑫ 唯深也 故能通天下之志⑬ 唯幾也 故能成天下之務⑭ 唯神也



①向：通“响”，回声。②来物：未来的万事万物。③与：达到。④参伍：参验。⑤错综：交错综合。⑥通其变，遂成天地之文：通其变化，于是形成天下的文辞。文，文理，文辞。⑦极其数，遂定天下之象：极尽变化之数，于是确定天下的物象。⑧至变：极致的变化。⑨无思：无所思考。⑩感而遂通天下之故：人若与天地感应相通，从而通达天下万物的缘由。⑪至神：神奇之至。⑫极深：穷极深远。研几：研究其几微、精微。⑬唯深也，故能通天下之志：只有深远了，才能通达天下的志意。⑭唯几也，故能成天下之务：只有精微了，才能成就天下的事物。

故不疾而速 不行而至① 子曰 易有聖人之道四焉者② 此之謂也

第十章

天一 地二 天三 地四 天五 地六 天七 地八 天九 地十③ 子曰 夫易何爲者也 夫易 開物成務④ 冒天下之道⑤ 如斯而已者也 是故聖人以通天下之志⑥ 以定天下之業⑦ 以斷天下之疑⑧

①唯神也，故不疾而速，不行而至：因为神奇，所以虽然不匆忙却很迅速，虽然不行走却可到达。②《易》有圣人之道四焉：《易》包含了四种圣人之道。③天一……地十：天为阳，一、三、五、七、九为阳数；地为阴，二、四、六、八、十为阴数。④开物成务：揭开事物真相，成就人生事业。⑤冒天下之道：包含了天下的大道。冒，包括，覆盖。⑥人以通天下之志：圣人用《易》来通达天下的志意。⑦定天下之业：安定天下的事业。⑧断天下之疑：决断天下的疑问。

是故蓍之德圓而神①卦之德方以知②六爻之義易以貢③聖人以此洗心④退藏於密⑤吉凶與民同患 神以知來⑥知以藏往⑦其孰能與於此哉 古之聰明睿知神武而不殺者夫⑧是以明於天之道 而察於民之故 是興神物以前民用⑨聖人以此齋戒以神明其德夫⑩

是故闔户謂之坤 闢户謂之乾⑪一闔一闢謂之變往來不窮謂之通 見乃謂之象⑫形乃謂之器⑬制



①蓍(shī)之德圆而神：蓍筮之圆满而神奇。古人用蓍草来占卜，故有此说。②卦之德方以知：筮卜之法严正而有智慧。③六爻之义易以贡：爻辞以变化来告诉人们吉凶。易，变易，变化。贡，告。④圣人以此洗心：圣人以《易》涤除心中杂念。⑤退藏于密：把变化之道藏在心中。密，默。⑥神以知来：用《易》之神妙预知未来。⑦知以藏往：用智慧储藏以往的知识经验。⑧不杀者：不嗜杀人的人。⑨兴神物以前民用：兴起蓍草、占卦等神物来作为万民之事的先导。前，开导，先导。⑩神明其德：使其德行神明。⑪阖户谓之坤，辟户谓之乾：关门表示封闭，为坤；开门表示开放，为乾。⑫见(xiàn)乃谓之象：显现于外、有物象可观的，就是“象”。⑬形乃谓之器：有具体形状的，就是“器”。

而用之謂之法① 利用出入 民咸用之謂之神

## 第十一章

是故易有太極② 是生兩儀③ 兩儀生四象④ 四象生八卦 八卦定吉凶⑤ 吉凶生大業⑥

是故法象莫大乎天地⑦ 變通莫大乎四時⑧ 縣象著明莫大乎日月 崇高莫大乎富貴 備物致用⑨ 立成器以爲天下利⑩ 莫大乎聖人 探賾索隱⑪ 鈎深

①制而用之谓之法：将变、通、象、器制而为人所用，就是“法”。②太极：宇宙混沌不分时的状态。③两仪：指阴阳。④四象：春夏秋冬四时之象。⑤八卦定吉凶：八卦变化之中决定了吉凶。⑥吉凶生大业：吉凶变换之间衍生出事业成败。⑦法象莫大乎天地：说到可供取法的象，没有比天地更大的了。⑧变通莫大乎四时：求变通，没有比四时更替更大的变通了。⑨备物致用：齐备万物，致其效用。⑩立成器以为天下利：制造许多器具以方便天下人使用。⑪探赜索隐：探求幽微的道理，索查隐匿的事理。

致遠①以定天下之吉凶 成天下之亹亹者②莫大乎蓍龜③

是故天生神物④聖人則之⑤天地變化 聖人效之⑥天垂象⑦見吉凶 聖人象之⑧河出圖 洛出書⑨聖人則之 易有四象⑩所以示也 繫辭焉 所以告也⑪定之以吉凶 所以斷也⑫

易曰 自天祐之 吉無不利⑬子曰 祐者 助也 天之所助者 順也⑭人之所助者 信也⑮履信思乎順⑯



①钩深致远：钩求深远的道术，探查远大的道理。②亹亹(wěi wěi)：勤勉不倦的样子。③蓍龟：指卜筮。用龟为卜，用蓍草为筮，都是占卜活动。④神物：指蓍草和神龟。⑤圣人则之：圣人效法神物。则，效法。⑥天地变化，圣人效之：天地的各种变化，圣人也效仿之。⑦垂：表现。⑧象：取象。⑨河出图，洛出书：相传伏羲氏时，曾有龙马跃出黄河，背上有图案一样的斑点，伏羲氏因此受到启发，发明了八卦；相传大禹时，曾有神龟自洛水浮出，背驮洛书，献给大禹，大禹依此治水成功。⑩四象：少阳、老阳、少阴、老阴。⑪系辞焉，所以告也：系缀文辞，用来告诉人变化吉凶。⑫断：决断。⑬自天祐之，吉无不利：有上天护佑，吉祥而无不有利。⑭顺：顺应大道的人。⑮信：诚信的人。⑯履信思乎顺：履守诚信，时时想着顺应大道。

又以尚賢也　是以自天祐之　吉無不利也

## 第十二章

子曰　書不盡言　言不盡意①　然則聖人之意②　其不可見乎

子曰　聖人立象以盡意③　設卦以盡情僞④　繫辭焉以盡其言　變而通之以盡利　鼓之舞之以盡神⑤

乾坤　其易之緼邪⑥　乾坤成列　而易立乎其中矣⑦

①书不尽言，言不尽意：书不能完全表达言语，言语又不能完全表达心意。②然则：那么。③圣人立象以尽意：圣人设立象来表达未尽之意。④设卦以尽情伪：设立八卦来推演宇宙万物的情态。情，实情。伪，虚伪。⑤鼓之舞之以尽神：通过鼓励和激扬万物变化来竭尽神妙之事。⑥其《易》之缊(yùn)邪：乾坤是《易》道所蕴积的根源。缊，蕴积。⑦乾坤成列，而《易》立乎其中矣：乾坤排列出其尊卑高下位置，《易》的道理就包含在其中。

乾坤毁 則無以見易① 易不可見 則乾坤或幾乎息矣

是故形而上者謂之道② 形而下者謂之器 化而裁之謂之變③ 推而行之謂之通④ 舉而错之天下之民謂之事業⑤

是故夫象 聖人有以見天下之賾 而擬諸其形容 象其物宜 是故謂之象 聖人有以見天下之動 而觀其會通 以行其典禮 繫辭焉以斷其吉



①乾坤毁，则无以见《易》：乾坤毁弃，就看不到《易》的道理了。②形而上者谓之道：在形体之上体现的抽象规律，称为“道”。③化而裁之谓之变：将形而上之“道”，形而下之“器”进行变化、裁制，称为“变”。④推而行之谓之通：将变化进行推广、发挥，称为“通”。⑤举而错之天下之民谓之事业：将上述这些施行于天下百姓身上，称为“事业”。

凶　是故謂之爻①　極天下之賾者存乎卦②　鼓天下之動者存乎辭③　化而裁之存乎變④　推而行之存乎通⑤　神而明之存乎其人⑥　默而成之　不言而信　存乎德行⑦

①圣人有以见天下之赜……是故谓之爻：见第六章注解。②极天下之赜者存乎卦：能够穷尽天下幽隐变化的，是六十四卦。③鼓天下之动者存乎辞：鼓动天下万物变动的，在于爻辞。④化而裁之存乎变：对变化加以裁制的，在于变。⑤推而行之存乎通：将其进行发挥、推行的，在于通。⑥神而明之存乎其人：使其神奇而且明确的，在于人。⑦默而成之，不言而信，存乎德行：在沉默中成就，不说话而获得信任，在于德行。

## 繫辭 下傳

### 第一章

八卦成列 象在其中矣① 因而重之 爻在其中矣② 剛柔相推③ 變在其中矣 繫辭焉而命之④ 動在其中矣

吉凶悔吝者 生乎動者也 剛柔者 立本者也⑤ 變通者 趣時者也⑥ 吉凶者 貞勝者也⑦ 天地之道

益

①八卦成列，象在其中矣：八卦进行不同的排列，象就在其中了。八卦，即《天》《地》《雷》《风》《水》《火》《山》《泽》八卦。②因而重之，爻在其中矣：重叠排列为六十四卦，爻就在其中了。③推：推演。④系辞焉而命之：系缀文辞于其后并且指出吉凶的征兆。⑤刚柔者，立本者也：阴阳两爻是设立卦象、推演万物事理的根本所在。⑥变通者，趣时者也：推移变通，是顺应时机的。⑦贞胜：以正取胜。贞，正。

貞觀者也①日月之道 貞明者也 天下之動 貞夫一者也②

夫乾 確然示人易矣③夫坤 隤然示人簡矣④爻也者 效此者也⑤象也者 像此者也⑥爻象動乎內 吉凶見乎外 功業見乎變⑦聖人之情見乎辭⑧天地之大德曰生⑨聖人之大寶曰位⑩何以守位 曰仁 何以聚人 曰財 理財正辭 禁民爲非⑪曰義

①贞观：以正示于人。②贞夫一：真正一贯。③确然示人易：刚强地昭示众人，是很平常的。确然，刚强的样子。④隤（tuí）然示人简：安顺地昭示众人，是很简单的。隤然，安顺的样子。⑤效此者也：指爻是效法乾坤的。⑥像此者也：指象是乾坤的形象体现。⑦功业见乎变：功业在变动中得到体现。⑧圣人之情见乎辞：圣人的感情在爻辞中得到体现。⑨天地之大德曰生：天地的大德就在于生养万物。⑩圣人之大宝曰位：圣人的大宝在于有崇高地位。⑪理财正辞，禁民为非：整顿财政，纠正言辞，禁止百姓做坏事。

## 第二章

古者包犧氏之王天下也① 仰則觀象於天 俯則觀法於地 觀鳥獸之文② 與地之宜③ 近取諸身 遠取諸物 於是始作八卦 以通神明之德④ 以類萬物之情⑤ 作結繩而爲罔罟⑥ 以佃以漁⑦ 蓋取諸離⑧

包犧氏沒⑨ 神農氏作⑩ 斫木爲耜⑪ 揉木爲耒⑫ 耒耨之利⑬ 以教天下 蓋取諸益⑭

姤

①包牺氏：即伏羲氏，传说中远古时代的王，发明了八卦，创造了文字，并且教会人们打猎捕鱼。王(wàng)：统治。②文：外饰，纹路。③地之宜：土地所适宜种植的植物。④通神明之德：融会贯通神明之德行。⑤类万物之情：分别万物的种种情状。类，分类。⑥作结绳而为罔罟(gǔ)：给绳子打结，做成各种大小的网来捕鸟捕鱼。罔罟，网的通称。⑦佃(tián)：田猎。渔：捕鱼。⑧盖取诸《离》：可能是取象于《离》卦。⑨没(mò)：通"殁"，去世。⑩神农氏：传说中远古时期神农部落的首领，遍尝百草，教人们医疗与农耕。⑪斫(zhuó)：砍，削。耜(sì)：古代一种翻土的农具。⑫揉：使木或直或弯地变形。耒(lěi)：古代翻土农具的柄。⑬耒耨(nòu)：泛指各种农具。耨，古代锄草的农具。⑭盖取诸《益》：可能是取象于《益》卦。

日中爲市① 致天下之民 聚天下之貨 交易而退

各得其所② 蓋取諸噬嗑③

神農氏没 黄帝堯舜氏作④ 通其變 使民不倦 神

而化之 使民宜之 易 窮則變 變則通 通則久⑤

是以自天祐之 吉 無不利

黄帝堯舜垂衣裳而天下治⑥ 蓋取諸乾坤

刳木爲舟⑦ 剡木爲楫⑧ 舟楫之利 以濟不通⑨ 致遠

以利天下 蓋取諸渙⑩

①日中为市：中午为交易物品的时间。②各得其所：各自得到所需要的货物。③盖取诸《噬嗑》：可能是取象于《噬嗑》卦。④黄帝：传说中的远古时期帝王，他统一了中国各部落，在文字、音乐、历法等方面都有许多发明创造，被奉为中华民族的祖先之一。尧、舜：传说中继黄帝之后黄河流域出现的两位部落首领，以贤明著称。⑤《易》，穷则变，变则通，通则久：《易》道若出现穷困不通的情况，就会积极寻求变化，变化了就会开通，开通了就可以长久。穷，穷困不通。⑥垂衣裳而天下治：不需要做什么就已天下太平，即无为而治。⑦刳(kū)：剖开并挖空。⑧剡(yǎn)：削，刮。楫：划船用具，指代船。⑨以济不通：到达那些道路不通达的地方。⑩盖取诸《涣》：可能是取象于《涣》卦。

服牛乘馬①引重致遠②以利天下 蓋取諸隨③

重門擊柝④以待暴客⑤蓋取諸豫⑥

斷木爲杵⑦掘地爲臼⑧臼杵之利 萬民以濟 蓋取諸小過⑨

弦木爲弧⑩剡木爲矢 弧矢之利 以威天下 蓋取諸睽

上古穴居而野處⑪後世聖人易之以宮室⑫上棟下宇⑬以待風雨⑭蓋取諸大壯

升

①服、乘：都是驾车之意。②引重致远：牵引重物，到达远方。③盖取诸《随》：可能是取象于《随》卦。④重门：多重门。柝(tuò)：夜晚巡行时所敲击的木梆子。⑤暴客：暴徒，盗贼。⑥盖取诸《豫》：可能是取象于《豫》卦。⑦杵(chǔ)：舂米、捣衣等捣物时用的木棒。⑧臼(jiù)：古人为了舂米而在地上挖的坑，后来多用木石制作。⑨盖取诸《小过》：可能是取象于《小过》卦。⑩弦木为弧：在木材上加弦，成为木弓。⑪穴居：居住在洞穴中。野处：生活在荒野中。⑫易：改换。宫室：房屋。⑬栋：房屋的正梁。宇：屋檐。⑭待：应对。

古之葬者　厚衣之以薪①　葬之中野②　不封不樹③　喪期無數④　後世聖人易之以棺椁　蓋取諸大過

上古結繩而治⑤　後世聖人易之以書契⑥　百官以治　萬民以察⑦　蓋取諸夬

## 第三章

是故易者　象也⑧　象也者　像也⑨　彖者　材也⑩　爻也者　效天下之動者也　是故吉凶生　而悔吝著也⑪

①厚衣(yì)之以薪：裹上厚厚的柴草当衣服。衣，穿。②中野：旷野之中。③封：积土为坟。树：种树作为标识。④丧期无数：居丧的日期没有定数。⑤结绳而治：通过结绳记数来进行治理。⑥书契：文字或契约一类的文字凭证。⑦百官以治，万民以察：百官以之为据进行治理，万民以之为据明察万事。⑧是故《易》者，象也：因此，《易》的主要内容就是描述万物之象。⑨象也者，像也：卦象就是用来模拟万物之情状的。⑩彖(tuàn)：解释卦义的文字。⑪著：显现。

陽卦多陰① 陰卦多陽② 其故何也 陽卦奇③ 陰卦耦④ 其德行何也 陽一君而二民 君子之道也 陰二君而一民 小人之道也⑤

易曰 憧憧往來 朋從爾思⑥ 子曰 天下何思何慮 天下同歸而殊塗⑦ 一致而百慮⑧ 天下何思何慮 日往則月來 月往則日來 日月相推而明生焉 寒往則暑來 暑往則寒來 寒暑相推而歲成焉 往者屈也 來者信也⑨ 屈信相感而利生焉⑩ 尺



①阳卦多阴：阳卦多阴爻（两阴爻，一阳爻）。②阴卦多阳：阴卦多阳爻（两阳爻，一阴爻）。③阳卦奇：阳卦以奇数为主（故阴爻多于阳爻）。④阴卦耦(ǒu)：阴卦以偶数为主（故阳爻多于阴爻）。⑤“阳一君而二民”四句：阳卦一阳爻代表一个君，二阴爻代表两个民，此乃君子之道；反之则为小人之道。因为国无二君，所以一君二民是君子之道，二君一民是小人之道。⑥憧憧(chōng chōng)往来，朋从尔思：思想不专一，就会有各种意念往往复复地困扰你。憧憧，往来不绝的样子。⑦涂：通“途”，途径，道路。⑧一致而百虑：理想一致，却有各种不同的想法。⑨信(shēn)：通“伸”，伸展。⑩屈信相感而利生焉：屈伸互相交感推演，就产生了万物之利。

蠖之屈　以求信也①　龍蛇之蟄　以存身也②　精義入神　以致用也③　利用安身　以崇德也④　過此以往⑤未之或知也　窮神知化　德之盛也⑥

## 第四章

易曰　困于石　據于蒺藜⑦　入于其宮⑧　不見其妻凶　子曰　非所困而困焉⑨　名必辱　非所據而據焉身必危　既辱且危　死期將至　妻其可得見邪

①尺蠖(huò)之屈，以求信也：尺蠖虫弯曲身体，是为了向更远处伸展。尺蠖，一屈一伸地爬行的虫。②龙蛇之蛰，以存身也：龙蛇的蛰伏（即冬眠），是为了维续生命。③精义入神，以致用也：精微入神地研究义理，是为了得以运用。④利用安身，以崇德也：运用各种有利条件来安定自身，是为了成就高尚的德行。⑤过此以往：除此（指致用、崇德）之外。⑥穷神知化，德之盛也：穷尽万物的神妙，知晓万物的变化，是至上的道德。⑦据：以手援引。蒺藜(jí lì)：一种带刺的草。⑧宫：房屋，此处指家。⑨非所困而困：不是自己应当经历的困境，却受困其中。

易曰 公用射隼于高墉之上① 獲之 無不利 子曰 隼者 禽也 弓矢者 器也 射之者 人也 君子藏器於身 待時而動 何不利之有② 動而不括③ 是以出而有獲④ 語成器而動者也⑤

子曰 小人不耻不仁⑥ 不畏不義⑦ 不見利不勸⑧ 不威不懲⑨ 小懲而大誡⑩ 此小人之福也 易曰 屨校滅趾⑪ 無咎 此之謂也

善不積 不足以成名 惡不積 不足以滅身 小人

①隼(sǔn)：鹰类猛禽。墉：城墙。②“君子藏器”三句：君子把器具藏在身上，等待时机而行动，哪里不利呢？③动而不括：行动而没有阻碍。括，阻碍，阻塞。④出而有获：出动就有收获。⑤成器而动：有完备的器具再行动。⑥不耻不仁：不以不行仁为耻。⑦不畏不义：不以不为义而畏惧。⑧不见利不劝：没有利益驱动，就不勤勉努力。⑨不威不惩：不受到威慑，就不知道引以为戒。⑩小惩而大诫，此小人之福也：能在受到轻微惩罚时就严格地引以为戒，不至于犯更大的过错，这是小人的幸运。⑪屦校灭趾：戴着枷锁，把脚趾也遮住了。屦，古代用麻、葛制成的鞋，这里用作动词，戴着。校(jiào)，枷锁。灭，掩盖。

以小善爲無益　而弗爲也①　以小惡爲無傷　而弗去也②　故惡積而不可掩　罪大而不可解③　易曰　何校滅耳④　凶

子曰　危者　安其位者也⑤　亡者　保其存者也⑥　亂者　有其治者也⑦　是故君子安而不忘危　存而不忘亡　治而不忘亂　是以身安而國家可保也　易曰　其亡其亡　繫於苞桑⑧

子曰　德薄而位尊⑨　知小而謀大⑩　力小而任重⑪　鮮

①为：做。②去：去除。③解：解脱。④何(hè)校灭耳：头上戴着枷锁，把耳朵也遮住了。何，通“荷”，背，扛。⑤危者，安其位者也：危险，是因为安居其位，安而忘危。⑥亡者，保其存者也：灭亡，是因为存在时以为可以长存无忧。⑦乱者，有其治者也：混乱，是因为安定时忘记了混乱的可能。⑧其亡其亡，系于苞桑：如果自己能常有“其将亡、其将亡”的戒慎，则会像稳固有本的桑树一样稳固，而没有倾危之患。苞，草木的根和茎。⑨德薄而位尊：德行浅薄，地位却尊贵。⑩知小而谋大：不够有智慧，谋划的事情却很大。⑪力小而任重：能力小而责任重大。

不及矣① 易曰 鼎折足 覆公餗② 其形渥 凶 言不勝其任也

子曰 知幾其神乎③ 君子上交不諂④ 下交不瀆⑤ 其知幾乎 幾者 動之微 吉之先見者也 君子見幾而作⑥ 不俟終日⑦ 易曰 介于石 不終日 貞吉⑧ 介如石焉 寧用終日⑨ 斷可識矣 君子知微知彰⑩ 知柔知剛 萬夫之望⑪

子曰 顔氏之子⑫ 其殆庶幾乎⑬ 有不善未嘗不知

①鲜(xiǎn)不及矣：很少能够不导致祸患的。鲜，少。②鼎折足，覆公𫗧(sù)：鼎足折断，打翻了王公的美食。③知几其神乎：知道事物微小的先兆，就是神妙的。几，微小。④上交不谄：与身份高贵的人交往时不谄媚。⑤下交不渎：与身份卑微的人交往时不亵渎骄慢。⑥见几而作：预见到微小的先机就开始行动。⑦俟(sì)：等待。⑧介于石，不终日，贞吉：被石块阻隔，不需要等待一天，而是立刻行动，破除障碍，这是吉利美好的。⑨宁：难道。⑩知微知彰：既知道细微之事，又知道明显的事。⑪万夫之望：为万民所景仰。⑫颜氏之子：指孔子的弟子颜回。⑬其殆庶几乎：差不多是这样的吧。殆，大概。庶几，差不多，接近。

知之未嘗復行也　易曰　不遠復　無祇悔　元吉①

天地絪縕②　萬物化醇③　男女構精④　萬物化生　易曰　三人行　則損一人　一人行　則得其友　言致一也⑤

子曰　君子安其身而後動⑥　易其心而後語⑦　定其交而後求⑧　君子修此三者　故全也　危以動　則民不與也　懼以語　則民不應也　無交而求⑨　則民不與也⑩　莫之與　則傷之者至矣　易曰　莫益之　或擊之　立心勿恒　凶⑪

①不远复，无祇悔，元吉：误入歧途时，走得不远就返回，不至于太后悔，此为大吉。祇，大。②天地絪缊（yīn yūn）：天地之间阴阳之气交融弥漫。絪缊，即“氤氲”，烟气弥漫的样子。③万物化醇：万物相互感应，精粹纯一。④男女构精：男性与女性交合。⑤致一：达到精粹纯一。⑥安其身而后动：安定自身后再行动。⑦易其心而后语：平静心情后再说话。⑧定其交而后求：建立信誉后再与人交往。⑨无交而求：没有对人民施行恩惠，就役使民力。交，交情，此处指治理者施惠于民，赢得民心。⑩与：亲附，跟随。⑪莫益之，或击之，立心勿恒，凶：没有得到帮助，有时会遭到别人的攻击，意念不坚定恒久，所以凶危。益，帮助。勿，无。

## 第五章

子曰：乾坤，其易之門邪①？乾，陽物也②；坤，陰物也③。陰陽合德而剛柔有體④，以體天地之撰⑤，以通神明之德。其稱名也，雜而不越⑥，於稽其類，其衰世之意邪⑦？

夫易，彰往而察來⑧，而微顯闡幽⑨，開而當名⑩，辨物正言⑪，斷辭則備矣。其稱名也小，其取類也大。其

①乾坤，其《易》之门邪：《易》中的乾、坤二卦，大概是了解《易》的门路吧。门，门路，途径。②乾，阳物也：乾代表阳，所以是阳物。③坤，阴物也：坤代表阴，所以是阴物。④刚柔有体：刚柔成为一体。⑤体天地之撰：体察天地之数。⑥其称名也杂而不越：《易》称述万物之名，虽然辞理多样，但各有伦理顺序而不相违背，不曾超越。⑦於稽其类，其衰世之意邪：考察《易》爻辞的类别，大概透露出衰世的意味吧。於，助词。稽，考察。⑧彰往而察来：彰显过去，体察未来。⑨微显阐幽：显示微小的事物，阐发幽远的道理。⑩开而当名：开释爻卦，使其各自配有名称。⑪辨物正言：辨别天下之物，做出正确的决定。

旨遠① 其辭文② 其言曲而中③ 其事肆而隱④ 因貳以濟民行⑤ 以明失得之報⑥

## 第六章

易之興也 其於中古乎⑦ 作易者 其有憂患乎

是故 履 德之基也⑧ 謙 德之柄也⑨ 復 德之本也⑩ 恒 德之固也⑪ 損 德之修也⑫ 益 德之裕也⑬ 困 德之辯也⑭ 井 德之地也⑮ 巽 德之制也⑯

①旨远：旨意深远。②辞文：言辞有文采。③言曲而中：言语委婉而准确。④事肆而隐：所叙之事明白显露，所含之理则幽深隐微。肆，显明。⑤因贰以济民行：用吉、凶二理来教导人民做事要趋吉避凶。贰，指吉、凶二理。⑥明失得之报：以得和失作为吉凶的回报，失则报之以凶，得则报之以吉。⑦中古：大约指殷商时代。⑧《履》，德之基也：《履》卦，是德行的基础。⑨德之柄：执德之要。⑩德之本：德行的根本。⑪德之固：德行的坚守。⑫德之修：德行的修炼。⑬德之裕：德行的发扬光大。⑭德之辩：对德行的分辨。辩，通“辨”，分辨。⑮德之地：德行所在之处。⑯《巽》，德之制也：《巽》卦为风，引申为命令，人君以之治理天下。

履 和而至① 謙 尊而光 復 小而辨於物 恒 雜而不厭 損 先難而後易 益 長裕而不設② 困 窮而通 井 居其所而遷 巽 稱而隱

履以和行③ 謙以制禮 復以自知④ 恒以一德⑤ 損以遠害 益以興利 困以寡怨⑥ 井以辯義⑦ 巽以行權⑧

## 第七章

易之爲書也不可遠⑨ 爲道也屢遷⑩ 變動不居⑪ 周

①和而至：与物和谐，故能达到目的。②长裕而不设：长久地宽裕、安好，结果反而并不完美。③《履》以和行：《履》卦教人调和心性，与人相处相合。④《复》以自知：《复》卦教人自知得失。⑤《恒》以一德：《恒》卦教人纯一其德。⑥《困》以寡怨：《困》卦教人减少怨恨。⑦《井》以辩义：《井》卦教人明辨于义。⑧《巽》以行权：《巽》卦教人顺合时宜，权变而行。⑨不可远：不可远离阴阳物象而妄为。⑩为道也屡迁：阴阳之道多次变迁，为道也是如此。⑪居：停留，止息。

流六虛① 上下無常 剛柔相易② 不可爲典要③ 唯變所適

其出入以度 外內使知懼④ 又明於憂患與故⑤ 無有師保 如臨父母⑥ 初率其辭而揆其方⑦ 既有典常 苟非其人 道不虛行

易之爲書也 原始要終⑧ 以爲質也 六爻相雜 唯其時物也⑨ 其初難知⑩ 其上易知⑪ 本末也 初辭擬之 卒成之終

①六虚：东、南、西、北、上、下六个方向。②刚柔相易：阴与阳交替变化，阴极生阳，阳极生阴。易，变化。③典要：不变的法则。④出入以度，外内使知惧：出入皆有其法度，使人对《易》有所敬畏。⑤明于忧患与故：明晓于忧患与万事。故，事。⑥无有师保，如临父母：不需要有人训导辅佐，却能保持恭敬，就像父母在面前一样。师保，古时担任教导贵族子弟的官，有师有保，统称“师保”。⑦率其辞：依循《易》的文辞。揆(kuí)其方：揆度《易》之义理。⑧原始要终：推究探求事物的始终本末。原，推究，考查。要，求取。⑨唯其时物：各会其时，各主其事。⑩初：指初爻，即卦象中最下面的符号。⑪其上易知：上爻出来时，卦象已定，吉凶可卜，故曰“易知”。上，指上爻，卦象中最上面的符号。

若夫雜物撰德① 辯是與非 則非其中爻不備② 噫亦要存亡吉凶 則居可知矣 知者觀其彖辭③ 則思過半矣④

## 第八章

二與四同功而异位⑤ 其善不同⑥ 二多譽⑦ 四多懼⑧近也 柔之爲道 不利遠者 其要無咎 其用柔中也 三與五同功而异位 三多凶⑨ 五多功⑩ 貴賤之



①杂物撰德：杂聚天下之物，撰数众人之德。②非其中爻不备：必须有中间四爻才能完备。中爻，指六爻之中除了初爻和上爻之外的中间四爻。③知者：聪明通达之士。彖辞：指《易》用以断定卦象含义的文辞。④思过半矣：卦义的意思就差不多明白了。⑤同功：功能相同，同属阴柔。异位：位置不同。⑥善：所昭示的吉凶。⑦二多誉：二爻处于中和之位，所以多誉。⑧四多惧：四爻位逼于君，所以多惧。⑨三多凶：三爻居下卦之极，在臣下之位，所以多凶。⑩五多功：五爻居中处尊，在君上之位，所以多功。

等也① 其柔危 其剛勝邪②

易之爲書也 廣大悉備 有天道焉 有人道焉 有地道焉 兼三才而兩之③ 故六④ 六者非它也 三才之道也

道有變動 故曰爻⑤ 爻有等 故曰物⑥ 物相雜 故曰文⑦ 文不當 故吉凶生焉⑧

易之興也 其當殷之末世 周之盛德邪 當文王與紂之事邪 是故其辭危 危者使平 易者使傾⑨

①贵贱之等：五爻为贵，三爻为贱。②其柔危，其刚胜：若阴柔处之则倾危，阳刚处之则能胜其任。③三才而两之：天道、地道与人道两两相配。三才，即天、地、人。④六：六爻。⑤道有变动，故曰爻：三才之道既有变化又有移动，用符号表示出来就叫爻。⑥爻有等，故曰物：爻有阴阳贵贱等级，以象万物之类。物，类。⑦物相杂，故曰文：万物相错杂，所以叫文。⑧文不当，故吉凶生焉：文与理相谐则吉，不谐则凶。⑨危者使平，易者使倾：倾危的可以使其安全，安全的可以使其倾危。易，平易，安全。

其道甚大　百物不廢①　懼以終始　其要無咎②　此之謂易之道也

## 第九章

夫乾　天下之至健也　德行恒易以知險③　夫坤　天下之至順也　德行恒簡以知阻④　能說諸心⑤　能研諸侯之慮⑥　定天下之吉凶　成天下之亹亹者⑦　是故變化云爲　吉事有祥　象事知器⑧　占事知來

①百物不废：万物依赖这种大道而无有废止。②惧以终始，其要无咎：若能始终保持戒惧，则终究会没有过错。惧，戒惧。要，终究。③恒易：恒久而平易。知险：预知危险的事情。④恒简：恒久而简静。知阻：预知壅阻之所在。⑤说(yuè)：通“悦”。⑥能研诸侯之虑：诸侯以《易》之道思虑万物，则思维越来越精粹。研，精。⑦成天下之亹亹：成就天下之人勤勉不息的事业。⑧象事知器：观其所象之事，就知道器物的用途。

天地設位 聖人成能① 人謀鬼謀 百姓與能② 八卦以象告 爻彖以情言 剛柔雜居 而吉凶可見矣

變動以利言 吉凶以情遷③ 是故愛惡相攻 而吉凶生④ 遠近相取 而悔吝生⑤ 情僞相感 而利害生⑥

凡易之情 近而不相得則凶 或害之 悔且吝

將叛者其辭慚⑦ 中心疑者其辭枝⑧ 吉人之辭寡 躁人之辭多 誣善之人其辭游⑨ 失其守者其辭屈⑩

①天地设位，圣人成能：天地设贵贱之位，圣人因循天地所生之性，各成其能。②人谋鬼谋，百姓与能：圣人先与众人谋划以定得失，又卜筮于鬼神以考吉凶，如此则天下百姓皆尊圣人为能人。与，肯定，赞许。③吉凶以情迁：吉凶是随着事物的情理而推演变化的。④爱恶相攻，而吉凶生：有所贪爱，有所憎恶，两相攻击，于是事有得失吉凶。⑤远近相取，而悔吝生：爻位有远有近，相互感应，于是会有悔恨的事发生。⑥情伪相感，而利害生：事有真假实伪，若以实情相感应，则趋于有利；若以伪情相感应，则趋于灾祸。⑦慚：有愧疚之意。⑧枝：分散，枝蔓，此处意为言语空泛。⑨游：虚浮不实。⑩屈：理亏。

# 易傳

## 易傳　附録一　說卦傳

**第一章**　昔者聖人之作易也① 幽贊於神明而生蓍② 參天兩地而倚數③ 觀變於陰陽而立卦④ 發揮於剛柔而生爻　和順於道德而理於義⑤ 窮理盡性以至於命⑥

**第二章**　昔者聖人之作易也　將以順性命之理⑦ 是以立天之道　曰陰與陽⑧ 立地之道　曰柔與剛⑨ 立人之道　曰仁與義⑩ 兼三才而兩之⑪ 故易六畫而成卦⑫ 分陰分陽　迭用柔剛　故易六位而成章

**第三章**　天地定位⑬ 山澤通氣⑭ 雷風相薄⑮ 水火不相射⑯ 八卦相錯⑰ 數往者順⑱ 知來者逆⑲ 是故易逆數也

**第四章**　雷以動之⑳ 風以散之　雨以潤之　日以烜之㉑ 艮以止之㉒ 兌以說之㉓ 乾以君之㉔ 坤以藏之㉕

**第五章**　帝出乎震㉖ 齊乎巽㉗ 相見乎離㉘ 致役乎坤㉙ 說言乎兌㉚ 戰乎乾

☶ 小过

①圣人：指发明八卦的伏羲氏。②幽赞于神明而生蓍：圣人虔诚地向神明祈求，于是发明了用蓍草求卦之法。幽，深。赞，祈求。③参（sān）天两地而倚数：以天数三和地数二为依据，确立阴阳刚柔之数。参，通“三”。两，即二。倚，确立。④观变于阴阳而立卦：观察阴阳变化之道，而立乾坤等卦。⑤和顺于道德：与自然道德相和谐。⑥穷理尽性以至于命：穷尽后天之相对之理完善先天之本性，从而得以通晓天命。⑦顺性命之理：顺从天地生成万物性命之理。⑧立天之道，曰阴与阳：就天之道而言，有阴与阳之气。⑨立地之道，曰柔与刚：就地之道而言，有柔与刚之质。⑩立人之道，曰仁与义：就人之道而言，有仁与义之德。⑪两：指将天、地、人三才两两相配。⑫六画：指三个阴位（二、四、上）和三个阳位（初、三、五）。⑬天地定位：天地确立各自的位置，天位上，地位下。⑭山泽通气：高山与川泽气息相通。⑮雷风相薄：雷与风相互搏击而动。薄，搏击。⑯水火不相射：水与火互不厌弃。射，厌弃。⑰八卦相错：乾、坤、震、巽、坎、离、艮、兑八卦交互重叠。⑱数往者顺：推演过去之事为顺势。往，指过去的事物。⑲知来者逆：预知未来之事为逆势。⑳雷以动之：雷可以震动万物。㉑烜：晒干。㉒艮以止之：山可以用来栖息万物。艮，八卦中象征山的符号。㉓兑以说之：川泽可以用来取悦万物。兑，八卦中象征川泽的符号。㉔君：主宰。㉕藏：藏养。以上八句说的是八卦养物之功。㉖帝出乎震：万物生于震位。帝，天帝星，即北斗星的斗柄。（震位在东，斗柄指向东时为春天，万物生发。）㉗齐乎巽：斗柄指向东南方的巽位时，万物皆齐齐生长。㉘相见乎离：斗柄指向南方的离位时，万物兴旺。㉙致役乎坤：斗柄指向西南方的坤位时，万物受到滋养。㉚说言乎兑：斗柄指向西方的兑位时，万物收获，万民喜悦。

勞乎坎　成言乎艮①

萬物出乎震　震　東方也　齊乎巽　巽　東南也　齊也者　言萬物之洁齊也②　離也者　明也③　萬物皆相見　南方之卦也　聖人南面而聽天下　嚮明而治④　蓋取諸此也　坤也者　地也⑤　萬物皆致養焉　故曰致役乎坤　兑　正秋也⑥　萬物之所説也　故曰説　言乎兑　戰乎乾　乾　西北之卦也　言陰陽相薄也⑦　坎者　水也　正北方之卦也　勞卦也⑧　萬物之所歸也⑨　故曰勞乎坎　艮　東北之卦也　萬物之所成終而所成始也⑩　故曰成言乎艮

**第六章**　神也者　妙萬物而爲言者也　動萬物者　莫疾乎雷⑪　橈萬物者⑫　莫疾乎風　燥萬物者　莫熯乎火⑬　説萬物者⑭　莫説乎澤　潤萬物者　莫潤乎水　終萬物始萬物者　莫盛乎艮⑮　故水火相逮⑯　雷風不相悖⑰　山澤通氣　然後能變化既成萬物也⑱

**第七章**　乾　健也⑲　坤　順也⑳　震　動也　巽　入也㉑　坎　陷也㉒　離　麗也㉓　艮　止也　兑　説也

①成言乎艮：斗柄指向东北方的艮位时，万物终止，孕育新的生命。②洁齐：整洁齐备。③离也者，明也：离为象日之卦，所以是光明的。④向明而治：象征光明的离位在南，圣人效法之，南面而治理天下。⑤坤也者，地也：坤是象地之卦。⑥兑，正秋也：兑是西方之卦，斗柄指西时正是八月立秋。⑦乾，西北之卦也，言阴阳相薄也：乾是西北方之卦，西北是阴地，乾是以纯阳而居之，这是阴阳相搏击之象。⑧坎者，水也，正北方之卦也，劳卦也：坎是象水之卦，是正北方之卦，水行不舍昼夜，所以是劳累的卦。⑨万物之所归也：斗柄指向坎卦时为冬，万物闭藏归息。⑩万物之所成终而所成始也：万物结束了一年的运转，而孕育新一年的运转。⑪动万物者，莫疾乎雷：鼓动万物，没有比雷更疾速的。⑫桡(náo)：扰乱，摧折。⑬熯(hàn)：烤，晒。⑭说：通“悦”，取悦。⑮终万物始万物者，莫盛乎艮：终结万物运转并开启万物新一轮运转的，以艮位最为盛大。⑯水火相逮：水火相互吸引。逮，及，引申为吸引。⑰雷风不相悖：雷和风互不悖逆。⑱变化既成万物：变化万端而成就万物。⑲乾，健也：乾象天，天运转不息，所以刚健。本章八句说明八卦的基本特征。⑳坤，顺也：坤象地，地顺承于天，所以柔顺。㉑巽，入也：巽象风，风行无所不入，所以为入。㉒坎，陷也：坎象水，水处低洼之地，所以为陷。㉓离，丽也：离象火，火必附着于物，所以为丽。丽，依附。

**第八章** 乾爲馬① 坤爲牛② 震爲龍③ 巽爲鷄④ 坎爲豕⑤ 離爲雉⑥ 艮爲狗⑦ 兑爲羊⑧

**第九章** 乾爲首⑨ 坤爲腹⑩ 震爲足⑪ 巽爲股⑫ 坎爲耳⑬ 離爲目⑭ 艮爲手⑮ 兑爲口⑯

**第十章** 乾 天也 故稱乎父 坤 地也 故稱乎母 震一索而得男 故謂之長男⑰ 巽一索而得女 故謂之長女⑱ 坎再索而得男 故謂之中男 離再索而得女 故謂之中女 艮三索而得男 故謂之少男 兑三索而得女 故謂之少女

**第十一章** 乾爲天 爲圜⑲ 爲君 爲父 爲玉 爲金⑳ 爲寒 爲冰㉑ 爲大赤㉒ 爲良馬㉓ 爲老馬 爲瘠馬㉔ 爲駁馬 爲木果㉕ 坤爲地 爲母 爲布㉖ 爲釜 爲吝嗇㉗ 爲均 爲子母牛㉘ 爲大輿㉙ 爲文㉚ 爲衆 爲柄㉛ 其於地也爲黑 震爲雷 爲龍 爲玄黄 爲旉㉜ 爲大塗㉝ 爲長子 爲决躁㉞ 爲蒼筤竹 爲萑葦㉟ 其於馬也爲善鳴 爲馵足㊱ 爲作足 爲的顙㊲ 其於稼也爲反生 其究 爲健 爲蕃鮮



①乾为马：乾象天，天行健，与马相配。本章八句说明八卦分别代表八种动物。②坤为牛：坤象地，任重而顺，与牛相配。③震为龙：震为动之象，与龙相配。④巽为鸡：巽主号令，与鸡相配。⑤坎为豕：坎主水，猪常处于污湿之中，所以相配。⑥离为雉：离为文采鲜明之貌，雉毛饰鲜明，所以相配。⑦艮为狗：艮为静止，狗善于守门，禁止外人，所以相配。⑧兑为羊：兑为喜悦。羊柔顺招人喜爱，所以相配。⑨乾为首：乾尊而在上，所以代表首。本章八句说明八卦分别代表人的某一部位。⑩坤为腹：坤能包藏含容，所以代表腹。⑪震为足：震为动之象，所以代表足。⑫巽为股：巽为顺之象，大腿随顺于足，所以相配。⑬坎为耳：坎主听，所以代表耳。⑭离为目：离主视，所以代表目。⑮艮为手：艮为止之象，手也能止持物体，所以相配。⑯兑为口：兑主言语，所以代表口。⑰震一索而得男，故谓之长男：坤初次求得乾气为震，所以是长男。索，求取。本章八句说明八卦分别代表父母子女。⑱巽一索而得女，故谓之长女：乾初次求得坤气为巽，所以是长女。⑲圜：天体。本章说明八卦所象征的物象。⑳为金：以乾为金，取其刚劲而清明。㉑为冰：以乾为冰，取乾处西北寒冰之地。㉒为大赤：以乾为大红色，取其盛阳之色。㉓为良马：以乾为良马，取其行健之善。㉔为瘠马：瘦弱之马，比喻马的负担重，取其任重而道远。㉕为木果：草木孕育于果实种子，就像万物孕育于乾，所以相配。㉖为布：以坤为布，取其广大而有所承载。㉗为吝啬：以坤为吝啬，取其深藏万物而不转移，好像人之吝啬。㉘为子母牛：以坤为繁育小牛的母牛，取其多繁衍。㉙为大舆：以坤为大车，取其能载物。㉚为文：以坤为纹饰，取其万物之纹色交杂。㉛为柄：以坤为植物之柄，取其为生物之本，万物之权柄。㉜为旉(fū)：以震为开花，取其春天草木都发芽开花。旉，通“敷”，开花。㉝为大涂：以震为大路，取其万物皆行于大路之中。㉞为决躁：以震为决躁，取其急迫匆忙。㉟为萑(huán)苇：以震为萑、苇，取其青色。萑、苇，两种芦苇类植物。㊱为异(zhù)足：以震为后左足白色的马，取其动而后见。㊲为的颡(dì sǎng)：以震为额头有白点的马，取其动而后见。

巽爲木　爲風　爲長女　爲繩直①　爲工　爲白　爲長②　爲高　爲進退　爲不果③　爲臭　其於人也　爲寡髮　爲廣顙　爲多白眼　爲近利市三倍　其究爲躁卦

坎爲水　爲溝瀆④　爲隱伏　爲矯輮⑤　爲弓輪　其於人也爲加憂⑥　爲心病　爲耳痛⑦　爲血卦⑧　爲赤　其於馬也爲美脊　爲亟心　爲下首　爲薄蹄　爲曳⑨　其於輿也爲多眚⑩　爲通　爲月　爲盜　其於木也爲堅多心⑪

離爲火　爲日　爲電⑫　爲中女　爲甲冑⑬　爲戈兵　其於人也爲大腹⑭　爲乾卦　爲鱉　爲蟹　爲蠃　爲蚌　爲龜⑮　其於木也爲科上槁⑯

艮爲山　爲徑路⑰　爲小石　爲門闕⑱　爲果蓏⑲　爲閽寺⑳　爲指　爲狗　爲鼠㉑　爲黔喙之屬㉒　其於木也爲堅多節㉓

兌爲澤　爲少女　爲巫　爲口舌　爲毀折㉔　爲附決　其於地也爲剛鹵㉕　爲妾㉖　爲羊㉗

①为绳直：巽号令规范万物，如同木工以墨绳测量木材。②为长：取巽风行之远。③为不果：取巽不能果敢决断。④为沟渎：以坎为沟渎，取其水藏于地中。⑤为矫辏：以坎为矫辏，取其能使曲者直，能使直者曲。⑥为加忧：坎代表人的忧虑加重。⑦为耳痛：坎为劳卦，主听，听劳则耳痛。⑧为血卦：以坎为血卦，取其人有血如地有水。⑨美脊：脊背美丽的马。亟心：急躁的马。下首：低头的马。薄蹄：马蹄磨薄的马。曳：拖曳而行的马。这五种马均不能远行。⑩为多眚(shěng)：以坎为多灾。眚，眼睛生病，引申为灾难。⑪为坚多心：以坎为棘枣之类的树，取其枝多、刺多。⑫为电：以离为电，取其明亮似火。⑬为甲胄(zhòu)：以离为盔甲，取其内柔外刚。⑭为大腹：以离为大腹，取其怀有阴气。⑮为鳖、为蟹、为蠃、为蚌、为龟：皆取其内柔外刚。⑯科上槁：树木中空而枯槁。科，树木中空易折。⑰为径路：以艮为山间小路。⑱为门阙：以艮为门阙，取其崇高。⑲为果蓏(luǒ)：以艮为果实，取其出于山谷之中。果，木本植物的果实。蓏，瓜类植物的果实。⑳为阍(hūn)寺：以艮为看门人，取其禁止意。阍、寺，都是看门人。㉑为狗、为鼠：以艮为狗、为鼠，取其皆养于百姓家。㉒黔喙：豺狼等肉食之兽。㉓坚多节：坚硬而多枝节。㉔为毁折：兑为西方之卦，主秋，取秋天万物成熟，庄稼枝干毁折。㉕为刚卤：以兑为坚硬而含咸质之土。卤，咸土。㉖妾：以兑为妾，取其卑顺为下。㉗为羊：以兑为羊，取其性情柔顺。

## 易傳　附録二　周易本義卦歌

### 八卦取象歌

☰乾三连①　☷坤六断②　☳震仰盂③　☶艮覆碗④
☲离中虛⑤　☵坎中满⑥　☱兑上缺⑦　☴巽下断⑧

### 分宮卦象次序歌

乾爲天⑨天風姤⑩天山遁⑪天地否⑫風地觀⑬山地剥⑭火地晋⑮火天大有⑯
坎爲水⑰水澤節⑱水雷屯⑲水火既濟⑳澤火革㉑雷火豐㉒地火明夷㉓地水師㉔
艮爲山㉕山火賁㉖山天大畜㉗山澤損㉘火澤睽㉙天澤履㉚風澤中孚㉛風山漸㉜
震爲雷㉝雷地豫㉞雷水解㉟雷風恒㊱地風升㊲水風井㊳澤風大過㊴澤雷隨㊵
巽爲風㊶風天小畜㊷風火家人㊸風雷益㊹天雷無妄㊺火雷噬嗑㊻山雷頤㊼山風蠱㊽
離爲火㊾火山旅㊿火風鼎(51)火水未濟(52)山水蒙(53)風水渙(54)天水訟(55)天火同人(56)

①乾三连：乾卦三画连续。②坤六断：坤卦六画中断。③震仰盂(yú)：震卦上中两画中断，下画连续，像盂形。④艮覆碗：艮卦上画连续，中下两画中断，像个反扣的碗。⑤离中虛：离卦中画中断，上下两画连续。⑥坎中满：坎卦上下两画中断，中画连续。⑦兑上缺：兑卦上画中断，中下两画连续。⑧巽下断：巽卦上中两画连续，下画中断。⑨乾为天：第一卦《乾》(《分宫卦象次序歌》以下注文皆为对整句注释)。⑩第四十四卦《姤》。⑪第三十三卦《遁》。⑫第十二卦《否》。⑬第二十卦《观》。⑭第二十三卦《剥》。⑮第三十五卦《晋》。⑯第十四卦《大有》。⑰第二十九卦《坎》。⑱第六十卦《节》。⑲第三卦《屯》。⑳第六十三卦《既济》。㉑第四十九卦《革》。㉒第五十五卦《丰》。㉓第三十六卦《明夷》。㉔第七卦《师》。㉕第五十二卦《艮》。㉖第二十二卦《贲》。㉗第二十六卦《大畜》。㉘第四十一卦《损》。㉙第三十八卦《睽》。㉚第十卦《履》。㉛第六十一卦《中孚》。㉜第五十三卦《渐》。㉝第五十一卦《震》。㉞第十六卦《豫》。㉟第四十卦《解》。㊱第三十二卦《恒》。㊲第四十六卦《升》。㊳第四十八卦《井》。㊴第二十八卦《大过》。㊵第十七卦《随》。㊶第五十七卦《巽》。㊷第九卦《小畜》。㊸第三十七卦《家人》。㊹第四十二卦《益》。㊺第二十五卦《无妄》。㊻第二十一卦《噬嗑》。㊼第二十七卦《颐》。㊽第十八卦《蛊》。㊾第三十卦《离》。㊿第五十六卦《旅》。(51)第五十卦《鼎》。(52)第六十四卦《未济》。(53)第四卦《蒙》。(54)第五十九卦《涣》。(55)第六卦《讼》。(56)第十三卦《同人》。

坤爲地[1] 地雷復[2] 地澤臨[3] 地天泰[4] 雷天大壯[5] 澤天夬[6] 水天需[7] 水地比[8]

兌爲澤[9] 澤水困[10] 澤地萃[11] 澤山咸[12] 水山蹇[13] 地山謙[14] 雷山小過[15] 雷澤歸妹[16]

## 上下經卦名次序歌

乾坤屯蒙需訟師[17] 比小畜兮履泰否[18] 同人大有謙豫隨[19] 蠱臨觀兮噬嗑賁[20]

剥復無妄大畜頤[21] 大過坎離三十備[22] 咸恒遁兮及大壯[23] 晋與明夷家人睽[24]

蹇解損益夬姤萃[25] 升困井革鼎震繼[26] 艮漸歸妹豐旅巽[27] 兑渙節兮中孚至[28]

小過既濟兼未濟[29] 是爲下經三十四[30]

①第二卦《坤》。②第二十四卦《复》。③第十九卦《临》。④第十一卦《泰》。⑤第三十四卦《大壮》。⑥第四十三卦《夬》。⑦第五卦《需》。⑧第八卦《比》。⑨第五十八卦《兑》。⑩第四十七卦《困》。⑪第四十五卦《萃》。⑫第三十一卦《咸》。⑬第三十九卦《蹇》。⑭第十五卦《谦》。⑮第六十二卦《小过》。⑯第五十四卦《归妹》。⑰此句包括乾、坤、屯、蒙、需、讼、师七卦。⑱此句包括比、小畜、履、泰、否五卦。⑲此句包括同人、大有、谦、豫、随五卦。⑳此句包括蛊、临、观、噬嗑、贲五卦。㉑此句包括剥、复、无妄、大畜、颐五卦。㉒此句包括大过、坎、离三卦。以上为上经三十卦。㉓此句包括咸、恒、遁、大壮四卦。㉔此句包括晋、明夷、家人、睽四卦。㉕此句包括蹇、解、损、益、夬、姤、萃七卦。㉖此句包括升、困、井、革、鼎、震六卦。㉗此句包括艮、渐、归妹、丰、旅、巽六卦。㉘此句包括兑、涣、节、中孚四卦。㉙此句包括小过、既济、未济三卦。㉚以上为下经三十四卦。

# MPR点读笔点读提示

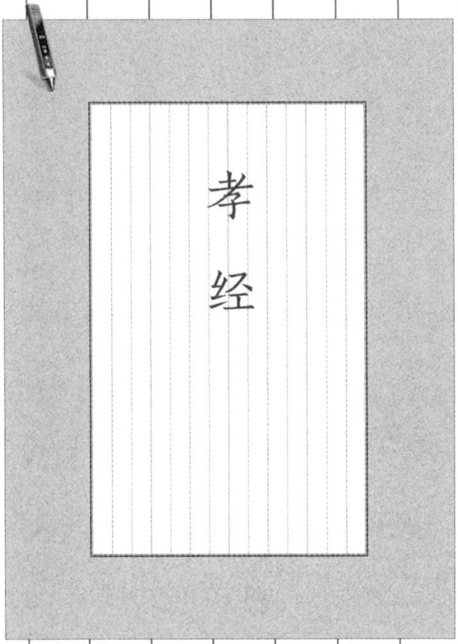


点击篇章页面任何一处，可收听该篇章全文的吟诵音频。

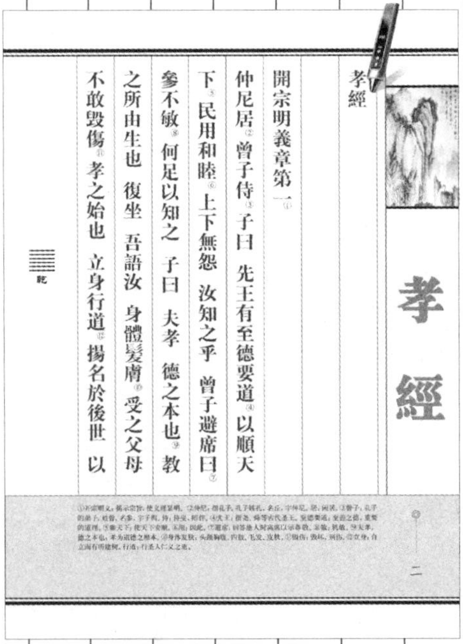


点击原文，可收听当前篇章的吟诵音频。

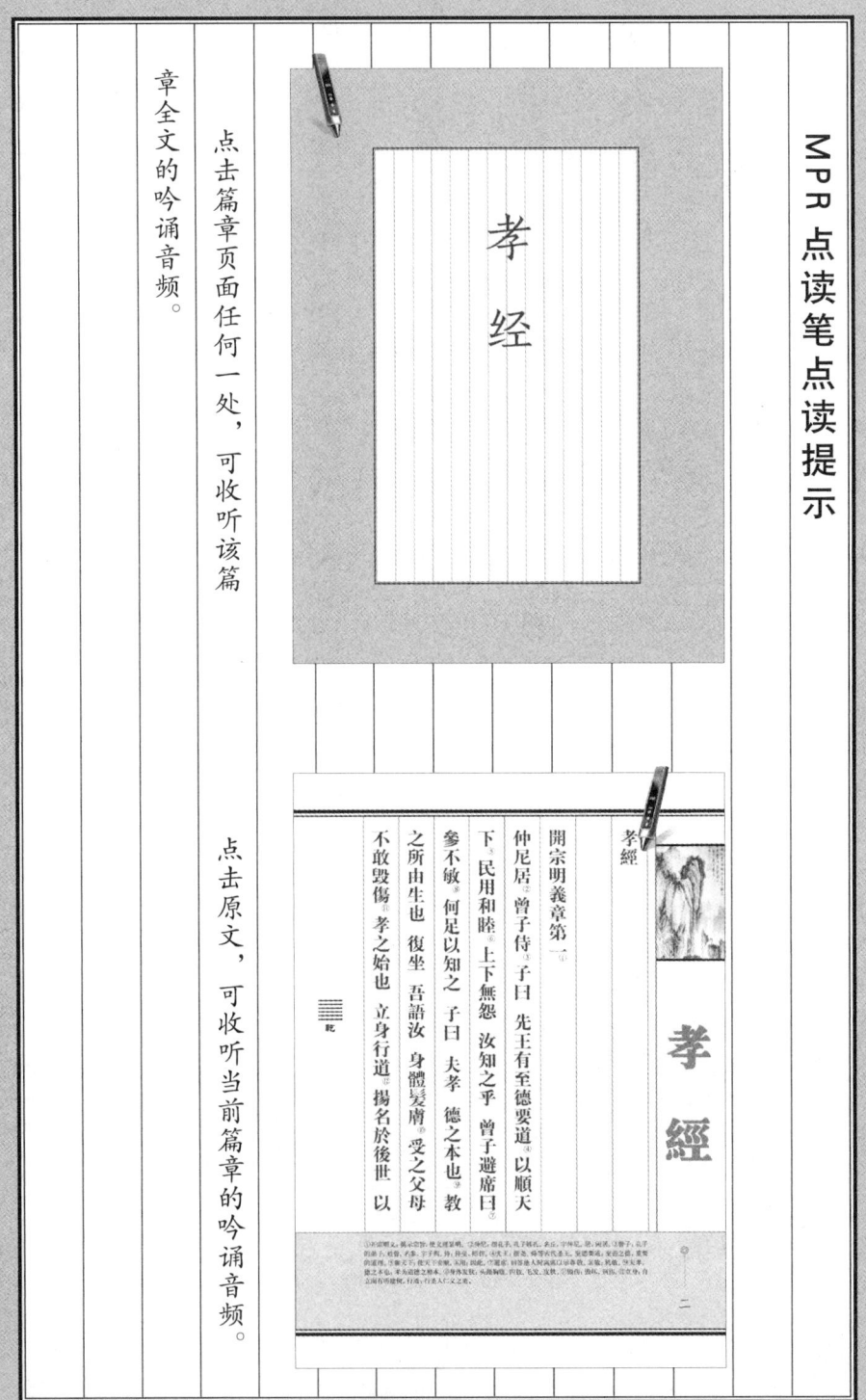